NORDRHEIN WESTFÄLISCHE AKADEMIE DER WISSENSCHAFTEN

Nordrhein-Westfälische Akademie der Wissenschaften

Natur-, Ingenieur- und Wirtschaftswissenschaften Vorträge · N 430

Herausgegeben von der
Nordrhein-Westfälischen Akademie der Wissenschaften

HARTWIG HÖCKER

Implantatwerkstoffe – Versuche zur Erzielung von Biokompatibilität

ROLF CHINI

Die Bildung von Planeten in zirkumstellaren Scheiben

Westdeutscher Verlag

414. Sitzung am 8. November 1995 in Düsseldorf

Die Deutsche Bibliothek – CIP-Einheitsaufnahme

Höcker, Hartwig:

Implantatwerkstoffe – Versuche zur Erzielung von Biokompatibilität / Hartwig Höcker. Die Bildung von Planeten in zirkumstellaren Scheiben / Rolf Chini. – Opladen: Westdt. Verl., 1997

(Vorträge / Nordrhein-Westfälische Akademie der Wissenschaften: Natur-, Ingenieur- und Wirtschaftswissenschaften; N 430)
ISBN 978-3-663-01726-4 ISBN 978-3-663-01725-7 (eBook)
DOI 10.1007/978-3-663-01725-7

Der Westdeutsche Verlag ist ein Unternehmen der Bertelsmann Fachinformation.

Herstellung: Westdeutscher Verlag

ISSN 0944-8799
ISBN 978-3-663-01726-4

Inhalt

Implantatwerkstoffe – Versuche zur Erzielung von Biokompatibilität

Von *Hartwig Höcker,* Aachen

1. Einleitung

Die Brockhaus-Enzyklopädie definiert Biomaterialien als „Werkstoffe für Implantate zum Gliedmaßen- und Funktionsersatz, an die wegen ihres Kontaktes mit Körpergewebe und -flüssigkeiten besonders hohe Anforderungen gestellt werden“ [1]. Da aber die entscheidende Definition der Anforderungen bisher fehlt, ist es nicht verwunderlich, daß die im Einsatz befindlichen Biomaterialien ihre Aufgabe oft mehr schlecht als recht erfüllen. Am ehesten noch lassen sich die mechanischen Anforderungen definieren und für das entsprechende Material in vitro verifizieren (Festigkeit, Nachgiebigkeit, Belastbarkeit etc.). Der normale Werkstoffpool (Metalle, Keramiken, Kunststoffe) bietet ein weites Spektrum von Materialien mit unterschiedlichsten mechanischen Eigenschaften. Aus diesem Pool stammen die gängigen Biomaterialien, die in der Regel nicht ohne Vorbehalt biokompatibel oder – nach Ikada [2] – grenzflächenverträglich genannt werden können.

Die Wechselwirkungen des lebenden Organismus mit dem Biomaterial sind außerordentlich komplex und in hohem Maße abhängig vom Einsatzort (Hart- und Weichgewebekontakt, Blutkontakt). Während der Körper auf das Implantatmaterial in der Regel mit einer Immunantwort reagiert (Reaktion des humoralen und des zellulären Immunsystems), kann das Implantatmaterial selbst ganz erhebliche Veränderungen erfahren; diese beziehen sich nicht nur auf eine physikalische Veränderung der Oberfläche (z. B. die Adsorption von Proteinen), sondern auch auf chemische Abbaureaktionen (Hydrolyse, Oxidation), die schießlich zu einem Verlust der geforderten mechanischen Eigenschaften führen [3].

Obwohl heute über das Biosystem selbst und seine Reaktionen umfangreiche Kenntnisse vorliegen und obwohl Implantatwerkstoffe in verschiedenen Bereichen des Biosystems eingesetzt werden, ist das Wissen über die Wechselwirkungen des Biosystems mit dem Implantatwerkstoff erschreckend dürftig. Dies hat seine Ursache einerseits darin, daß in keinem Land der Erde eine generelle konsequente Schadensforschung an Implantatmaterialien betrieben wird – punktuelle Ausnahmen bestätigen die Regel – und daß die eingesetzten Biomaterialien, die aus dem üblichen Materialpool stammen, oft hinsichtlich ihrer Oberfläche, die unmittelbar mit dem Biosystem in Kontakt steht, nur unzureichend charakterisiert sind. Zentrale Voraussetzungen für die Entwicklung bioverträglicher Implantate sind daher

- die Kenntnis der Wechselwirkung wohldefinierter Materialoberflächen mit dem Biosystem und
- eine organisierte Schadensforschung auf möglichst breiter Basis (Epidemiologie).

In dem vorliegenden Bericht werden Möglichkeiten zur Modifizierung und Charakterisierung der Oberfläche polymerer Werkstoffe dargelegt und die in vitro-Antworten ausgewählter Biosystem-Parameter diskutiert, ohne diese hinsichtlich ihrer Aussagefähigkeit zu beurteilen. Keramische und metallische Werkstoffe werden nicht behandelt.

Es wird nicht erwartet, daß dieser Ansatz schlußendlich zu einem optimalen Biomaterial führt, da bei jedem Material im Laufe der Zeit mit einer „Korrosion" durch das Biosystem zu rechnen ist. Der gewählte Ansatz dürfte jedoch wichtige Informationen über die Beziehungen zwischen der Polymerstruktur und der Bioantwort liefern, die sich dann in das Design eines Bulk-Materials umsetzen lassen sollten, das – im Zuge seiner ständigen Veränderung – dem Biosystem stets eine neue biokompatible Oberfläche präsentiert.

Tabelle 1: Anwendungsspektrum für Biomaterialien

Intrakorporal	Extrakorporal
Intraokularlinsen Zahnimplantate künstliche Hüft-, Knie-, Schulter- und Fingergelenke Knochenersatz Gesichtsrekonstruktionen Schrittmacher Herzklappen Gefäßprothesen Mamaprothese Urogenitalprothesen künstliche Sehnen künstliche Haut chirurgisches Nähgarn	Katheter Blutbeutel künstliche Niere (Dialyse)

2. *Stand der Technik*

Trotz der fehlenden Kenntnis über die Wechselwirkung von Biomaterialien mit dem Biosystem gibt es einen eindrucksvollen Markt und ein breites Spektrum von Anwendungen für Biomaterialien (Tab. 1). Sie bestehen aus anorganischen und organischen Stoffen (Tab. 2), wobei besonders die organischen Materialien aus dem normalen Fundus von Polymerwerkstoffen stammen und vorzugsweise hinsichtlich ihrer mechanischen Eigenschaften für die betreffenden Anwendungen ausgewählt wurden. Bemerkenwert ist, daß der Anteil der Polyolefine an den Biomaterialien ca. 85% ausmacht, während Polycarbonate/Polyester und Silicone zusammen etwa 13% der Biomaterialien und „andere" nicht mehr als 2% aller Biomaterialien bestreiten (Abb. 1) [4, 5].

Es ist selbstverständlich, daß Biomaterialien keine thrombogenen, toxischen, allergischen und entzündlichen Reaktionen hervorrufen dürfen, daß sie Zellen nicht zerstören und Plasmaproteine und Enzyme nicht verändern, daß sie keine cancerogenen Eigenschaften aufweisen und das umgebende Gewebe nicht schädigen dürfen. Für die Entwicklung neuer Biomaterialien sind diese Negativ-Definitionen jedoch wenig hilfreich. Leider gilt dies auch für die gängigen Positiv-Definitionen, von denen die eine von Williams [6] stammt, der Biokompatibilität als die Fähigkeit eines Materials definiert, im Einsatz zu einer angemessenen Bioantwort zu führen. Ratner [7] verlangt von Biomaterialien, daß sie mit Proteinen und Körperzellen dergestalt wechselwirken, daß ein ganz bestimmter (erwünschter) Effekt erzielt wird. In diesem Sinne sind Biomaterialien als „smart materials" anzusehen, die aktiv in das Geschehen eingreifen.

Tabelle 2: Biomaterialien für medizinische Anwendungen

Anorganische Materialien	**Organische Materialien**
Titan	Polyolefine
Rostfreier Stahl	Polyvinylchlorid
Keramik	Polyester
Hydroxylapatit	Polysiloxane
Carbonfasern	Polymethylmethacrylat
	Polyurethane
	Polycarbonate
	Polytetrafluorethylen
	Hydrogele
	Cellulose
	Collagen

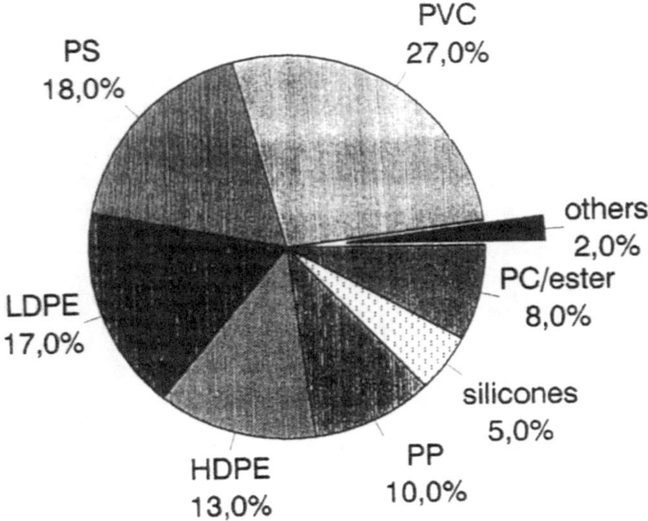

Abb. 1: Verteilung der Polymaterialien für die medizinische Anwendung

Das Biosystem ist jedoch außerordentlich komplex und wird von zahlreichen inneren und äußeren Faktoren beeinflußt. In diesem Zusammenhang sind nicht nur die Interaktionen verschiedener Reaktionskaskaden (Koagulation, Komplementsystem, zelluläres Immunsystem etc.) zu nennen, sondern auch der Gesundheitszustand des Patienten, der Einfluß von Pharmaca (z. B. Aspirin), die Kontamination der Biomaterialien mit Endotoxinen oder Oberflächenartefakte (wie adsorbierte gasförmige, flüssige oder feste Stoffe).

Entscheidend für die Wechselwirkung des Biomaterials mit dem Biosystem ist in jedem Fall die Oberfläche des Polymeren, die chemische Zusammensetzung, die den hydrophilen bzw. hydrophoben Charakter bestimmt, die Konzentration und Art der ionischen Gruppen auf der Oberfläche, die Oberflächenkristallinität und – bei Mehrphasensystemen – die Domänenstruktur; ebenso hat die Oberflächentopographie (Rauhigkeit) erhebliche Bedeutung. Wenngleich die Kenntnis der chemischen und physikalischen Oberflächenstruktur von Biomaterialien auch von größter Wichtigkeit ist, so ist doch zu erwarten, daß beim ersten Kontakt mit dem Biosystem Wasser und Ionen adsorbiert werden; in wenigen Sekunden dürfte sich auch eine Proteinschicht auf der Oberfläche bilden, bevor schließlich eine Wechselwirkung mit Körperzellen erfolgt [2, 8].

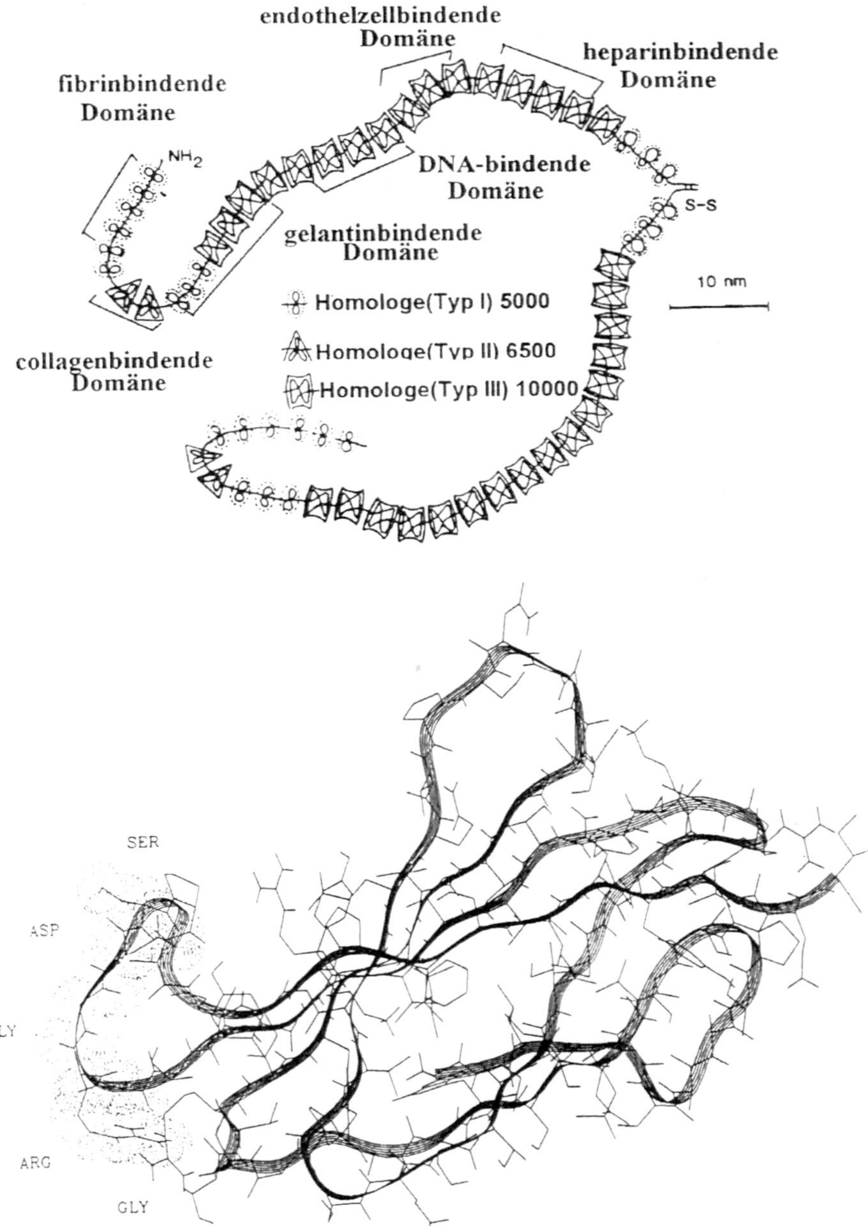

Abb. 2: Modell des Fibronectin-Moleküls nach (a) Meck-Donagh und nach (b) Dickensen und Ruoslahti et al. (zellbindende Domäne: GRGDS bzw. Gly-Arg-Gly-Asp-Ser)

Am bekanntesten ist der in den meisten Fällen unerwünschte Effekt der Thrombozyten-Aggregation und die Auslösung der Blutgerinnungskaskade im Kontakt des Biomaterials mit Blut. Als Folge hiervon werden kleinlumige Gefäßprothesen sehr schnell verschlossen.

Ziel zahlreicher Arbeiten ist es daher, die Oberfläche von Biomaterialien so zu modifizieren, daß das Biosystem sie nicht mehr als „fremd" erkennt. Unterschiedliche Oberflächen lassen sich durch Wahl des Polymermaterials einstellen, wobei auch Polymermischungen Anwendung finden. Hervorzuheben ist die gezielte Modifizierung der Oberfläche eines gegebenen Polymeren. Dabei kann z. B. ein gewünschtes Verhältnis von hydrophilen und hydrophoben Eigenschaften oder von anionischen und kationischen Gruppen eingestellt werden [9–12].

Weiterhin lassen sich auf der Oberfläche Enzyme, Proteine, Anti-Plättchen-Agenzien oder Heparin immobilisieren; schließlich werden Implantatoberflächen durch Aufpfropfen von Phosphatidylcholin oder Proteoglycanheparansulfat modifiziert, um eine natürliche Blutgefäßinnenwand vorzutäuschen [13]. Von besonderer Bedeutung ist die Modifizierung der Polymeroberfläche dergestalt, daß die Gefäßinnenwandzellen, die sogenannten Endothelzellen, selbst auf dieser Oberfläche wachsen und haften. Dadurch ergibt sich ein Hybridsystem, dessen Unterlage vollsynthetisch ist und an das ein biologisches Material (Endothelzellen) über ein geeignetes Interface angekoppelt ist [14, 15]. Ein solches Interface könnte die endothelzellbindende Domäne des Fibronectins (Abb. 2) darstellen oder auch das Fibronectin selbst, wenn es gelingt, dieses so an die Polymeroberfläche zu binden, daß die endothelzellbindende Domäne dem Blutstrom und damit den Endothelzellen präsentiert wird. Die endothelzellbindende Domäne enthält ein Pentapeptid der Sequenz GRGDS [16].

3. Oberflächencharakterisierung

Voraussetzung für die Einstellung einer bestimmten Oberfläche bzw. die Modifizierung einer Oberfläche ist eine entsprechend empfindliche, vorzugsweise eine oberflächensensitive Analytik (Abb. 3). Gelingt es, die an der Oberfläche fixierten Gruppen mit einem Spinmarker zu versehen, so stellt die Elektronenspinresonanzspektroskopie (ESR) aufgrund ihrer Empfindlichkeit eine geeignete Methode zum Nachweis immobilisierter Moleküle dar. Oberflächensensitive Infrarotspektroskopie (photoakustische Spektroskopie, PAS, und IR-Spektroskopie in abgeschwächter Totalreflektion, ATR) haben eine Informationstiefe (ca. 10 μm), die in den meisten Fällen wesentlich größer ist als die Dicke der modifizierten Oberflächenschicht; aus diesem Grund ist

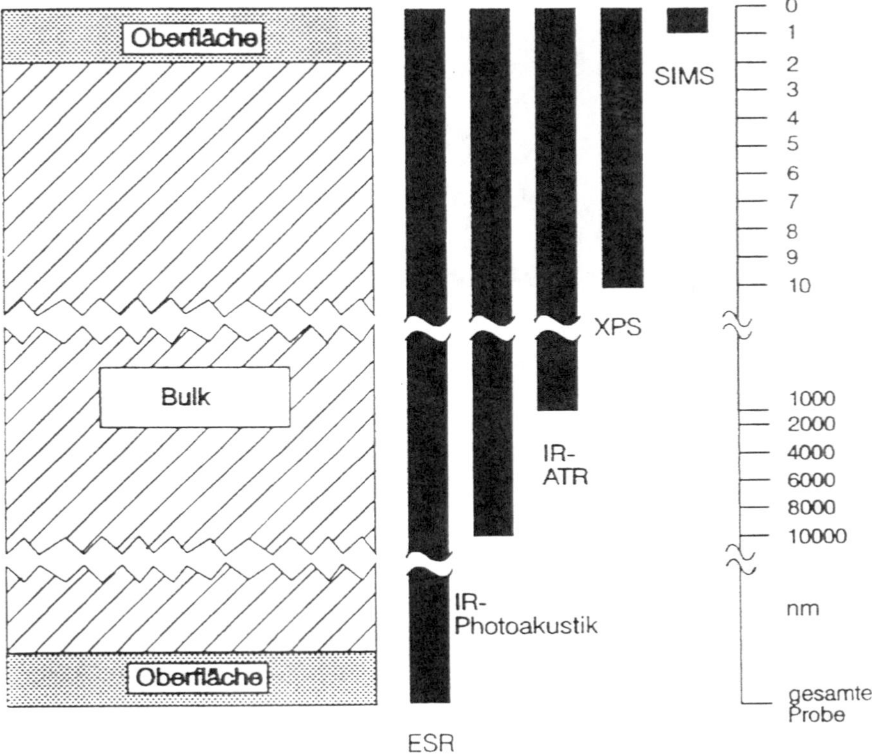

Abb. 3: Schematische Darstellung der Informationstiefe unterschiedlicher Methoden

die Infrarotspektroskopie oft zu unempfindlich. Die Röntgenphotoelektronenspektroskopie (XPS) liegt dagegen mit einer Informationstiefe von ca. 10 nm in einem geeigneten Bereich; von höchster Oberflächensensitivität ist schließlich die Sekundärionenmassenspektroskopie (SIMS) in Verbindung mit einem Flugzeitspektrometer (ToF) [17].

Während die bisher genannten Methoden Informationen über die chemische Struktur der Oberfläche liefern, kann die Analyse integraler Stoffkonstanten der Oberfläche ebenfalls von Bedeutung sein. Hierzu gehört insbesondere die Oberflächenspannung mit ihren polaren und dispersiven Komponenten; sie wird nach der „captive bubble“ oder „sessile drop“ Methode sowie nach der Wilhelmy-Plattenmethode unter Verwendung von Wasser und geeigneten Lösungsmitteln bestimmt (Abb. 4). Zusätzlich stellt die Messung des Strömungspotentials (ζ-Potential) an planen Festkörpern eine nützliche Methode zur Charakterisierung unterschiedlicher Biomaterialien dar [17].

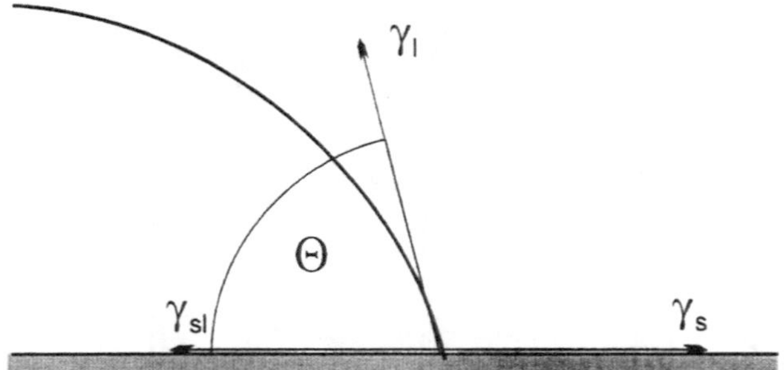

Abb. 4: Der Kontaktwinkel mit Wasser, ein Maß für die Hydrophilie

Schließlich kann zur Detektion der Adsorption bestimmter Proteine auf der Biomaterialoberfläche ein geeignetes Enzyme Linked Immunosorbent Assay (ELISA) angewendet werden. Hierbei bindet ein erster Antikörper an das adsorbierte Protein (Antigen); an den ersten Antikörper bindet ein zweiter Antikörper, der ein Enzym trägt, vorzugsweise die Meerrettichperoxidase. Mit Hilfe dieses Enzyms in Anwesenheit von Wasserstoffperoxid kann nun aus seiner Leukoform ein geeigneter Farbstoff entwickelt werden, dessen Intensität ein Maß für die Menge des adsorbierten Proteins darstellt (Abb. 5, Schema 1) [18].

Abb. 5: Das Enzyme Linked Immunosorbent Assay (ELISA)

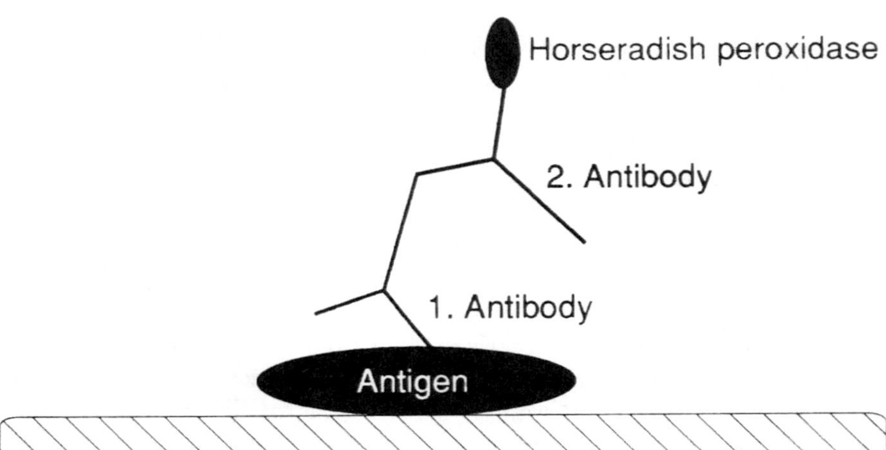

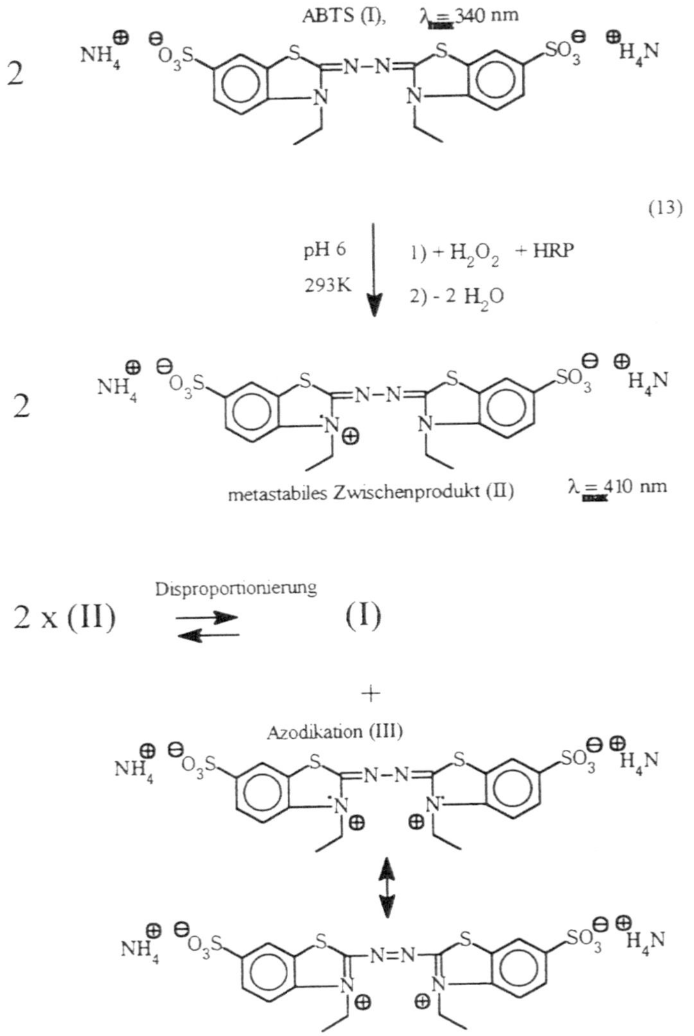
ABTS (I), λ = 340 nm
pH 6
293K
1) + H2O2 + HRP
2) - 2 H2O
metastabiles Zwischenprodukt (II)
λ = 410 nm
Disproportionierung
2 x (II)
(I)
+
Azodikation (III)

(13)

Schema 1: Oxidation des Diammonium-2,2'-azinobis(3-ethylbenzothiazolinsulfonat) (ABTS)

4. Die Oberflächenmodifizierung von PVC/EVA

Ein statistisches Copolymeres aus Ethylen und Vinylacetat, das mit Vinylchlorid radikalisch gepfropft ist, stellt ein für viele Belange geeignetes Weich-PVC dar, das keinen niedermolekularen Weichmacher enthält. Durch

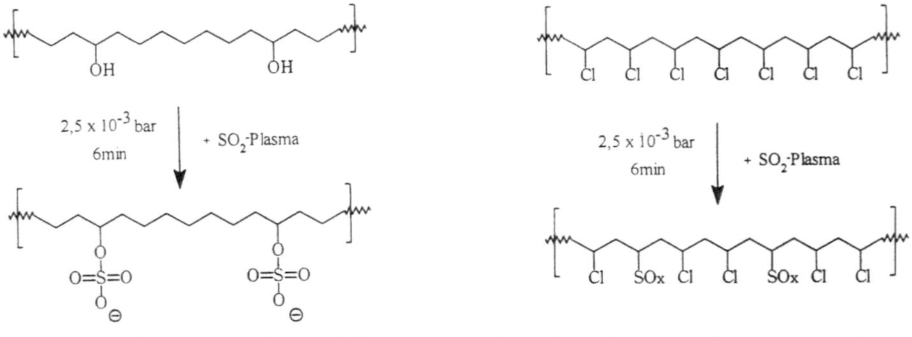

Schema 2: Bildung von Sulfat- und SO_x-Gruppen durch SO_2-Plasmamodifizierung von PVC/EVA-Oberflächen

Behandlung des verseiften PVC/EVA mit einem angeregten SO_2-Gas (z. B. einem Mikrowellenplasma) lassen sich auf der Oberfläche Sulfat-/Sulfonsäuregruppen erzeugen und mit Hilfe der Röntgenphotoelektronenspektroskopie nachweisen (Schema 2, Abb. 6). Ein solchermaßen modifiziertes Material ist geeignet, hohe Mengen an Fibronectin zu adsorbieren; die adsorbierte Menge

Abb. 6: S 2p Röntgenphotoelektronenspektrum der SO_2-Plasma-modifizierten Oberfläche des PVC/EVA

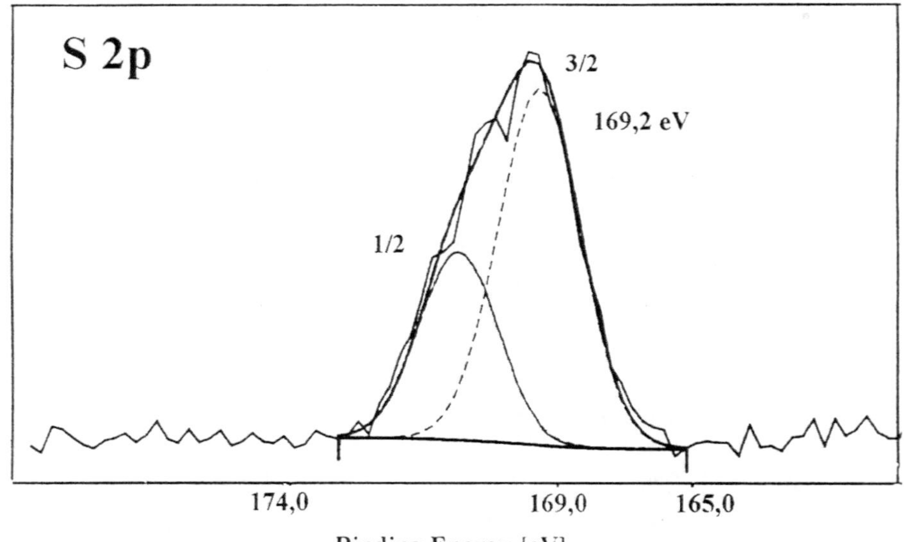

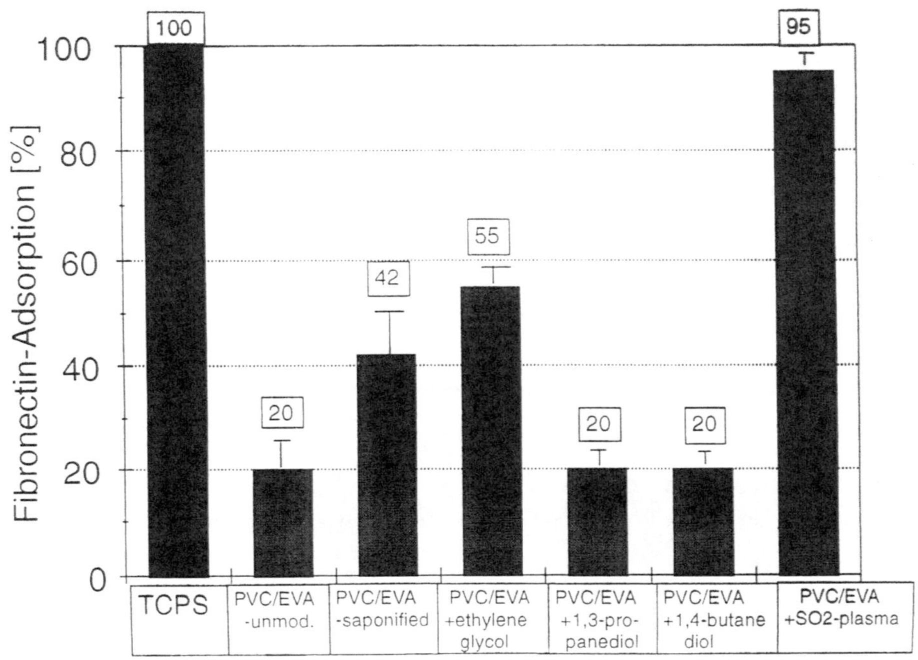

Abb. 7: Fibronectin Adsorption an unterschiedlich modifizierten PVC/EVA-Oberflächen. TCPS: Tissue Culture Polystyrene als Standard

Abb. 8: Korrelation des Zellwachstums mit der Fibronectin-Adsorption geeigneter Oberflächen

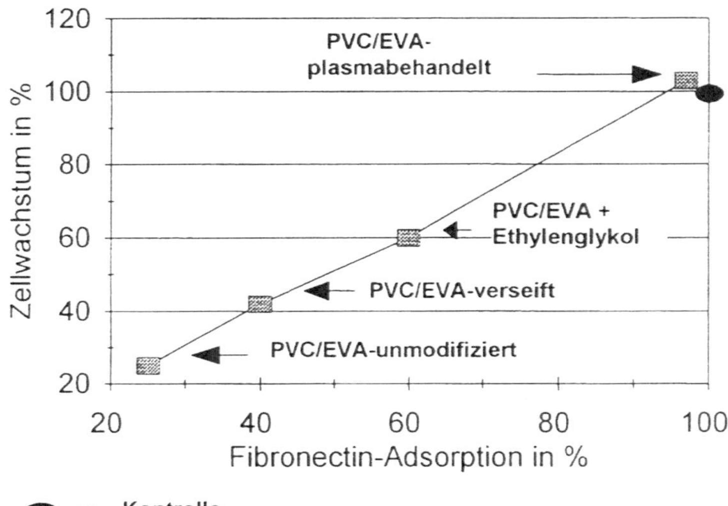

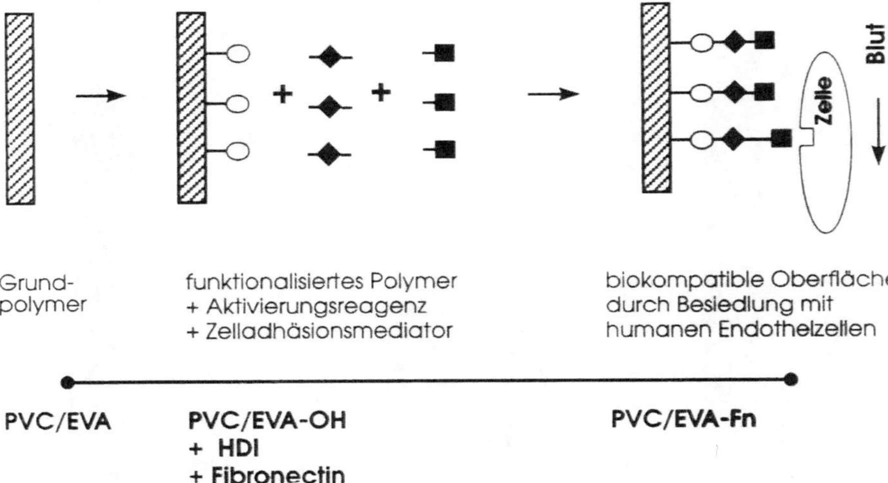

Schema 3: Modifizierung von Polymeroberflächen zur kovalenten Anbindung von Fibronectin

entspricht etwa der des Standards (tissue culture polystyrene, TCPS) und liegt deutlich über der Fibronectinmenge, die chemisch modifizierte Proben des verseiften Polymeren zu adsorbieren vermögen. Als Vergleich wird hier, neben dem unmodifizierten Polymeren, das verseifte und das über einen Spacer (Hexamethylendiisocyanat) mit Ethylenglycol, 1,3-Propandiol und 1,4-Butandiol umgesetzte Polymere herangezogen (Abb. 7) [19].

Das Fibronectin-Adsorptionsvermögen läßt sich nun direkt mit dem Wachstum von humanen Endothelzellen auf den entsprechenden Oberflächen korrelieren (Abb. 8).

Fibronectin läßt sich aber auch kovalent an das genannte Polymere anbinden. Zu diesem Zweck wird das Grundpolymere einer Verseifung unterzogen und mit Hexamethylendiisocyanat als Spacer umgesetzt. An die freie Isocyanatgruppe wird schließlich Fibronectin kovalent angebunden (Schema 3) [20].

Die Verseifung des Grundpolymeren läßt sich eindrucksvoll über die Messung des Kontaktwinkels nach der captive-bubble-Methode demonstrieren; während das Grundpolymere einen Kontaktwinkel von ca. 110° aufweist, zeigt das verseifte Polymere einen Kontaktwinkel von 61° (Abb. 9).

Die Anbindung des Hexamethylendiisocyanats gelingt im Verlauf von fünf Tagen in Diethylether bei 25°; der Nachweis der Reaktion erfolgt mit Hilfe der Röntgenphotoelektronenspektroskopie, die neben dem Stickstoffgehalt der Oberfläche auch Urethankohlenstoff zeigt.

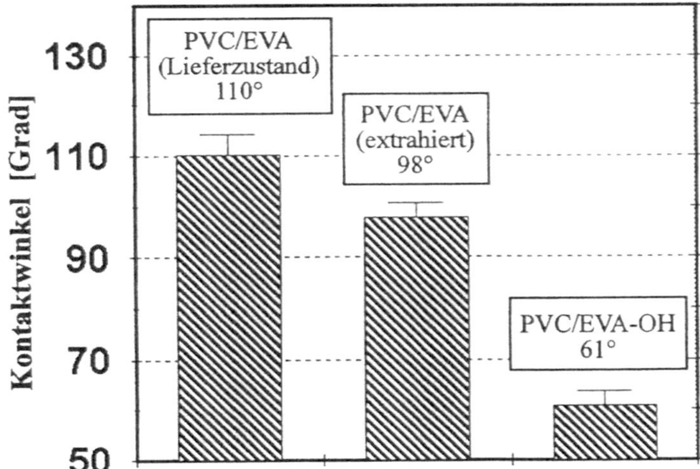

Abb. 9: Kontaktwinkel mit Wasser von PVC/EVA im Lieferzustand, im extrahierten Zustand und nach Verseifung

Das Vorliegen freier Isocyanatgruppen läßt sich schließlich durch die Ankopplung von Fibronectin nachweisen, wobei die Fibronectinmenge auf der Oberfläche mit einer ELISA-Messung kontrolliert wird (Abb. 10). Dabei zeigt sich, daß die Menge des an der Oberfläche haftenden Fibronectins nach der Verseifung des Grundpolymeren relativ hohe Werte erzielt (Adsorption), daß diese Werte jedoch durch diejenigen der Proben mit angekoppeltem Spacer (HDI) und kovalenter Anbindung des Fibronectins deutlich übertroffen werden. Gleichzeitig ist festzustellen, daß die Oberflächenkonzentration des Fibronectins – erwartungsgemäß – bei porösen Proben, hergestellt durch das Phaseninversionsverfahren, deutlich größer als bei massiven Proben ist.

Von besonderer Bedeutung ist jedoch der Befund, daß ein spezifischer Antikörper gegen die zellbindende Domäne des Fibronectins im Vergleich zu dem Antikörper gegen Fibronectin sogar höhere Werte zeigt; dieser Befund läßt den Schluß zu, daß das Fibronectin nach Ankopplung an die Polymeroberfläche den zellbindenden Bereich unversehrt präsentiert.

Von erheblicher Bedeutung für den Nachweis der Wirksamkeit der Methode ist nun das Proliferationsverhalten humaner Endothelzellen. Hier zeigt sich, daß dieses nach sieben Tagen dem der Kontrolle auf Thermanox entspricht; insbesondere ist festzustellen, daß im Langzeitversuch das kovalent gebundene Fibronectin zu wesentlich höherer Proliferation der Endothelzellen führt als das an die hydrophilierte Oberfläche (verseiftes Polymeres) adsorptiv gebundene Fibronectin (Abb. 11) [20].

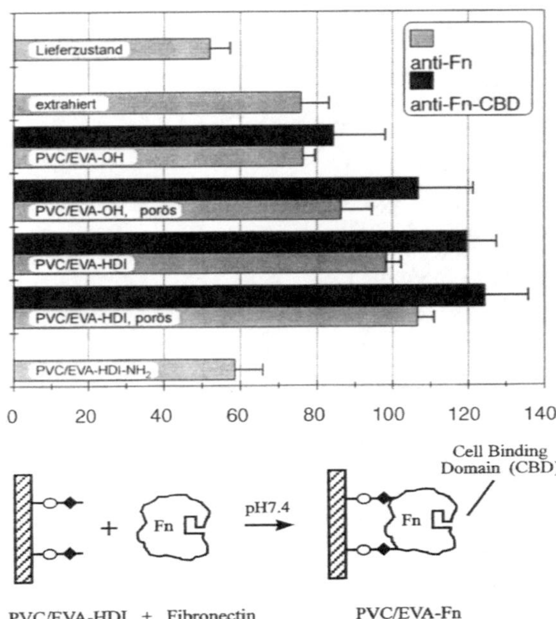

Abb. 10: Ausmaß der Fibronectin-Adsorption bzw. -Anbindung an unterschiedlich modifizierte PVC/EVA-Oberflächen, ermittelt mit Hilfe der ELISA-Technik unter Verwendung eines Antikörpers gegen Fibronectin und eines spezifischen Antikörpers gegen die zellbindende Domäne von Fribonectin

Abb. 11: Proliferationsverhalten humaner Endothelzellen auf modifizierten PVC/EVA-Folien (N = 3, Kontrolle: Thermanox, Zählverfahren: Coulter-Counter)

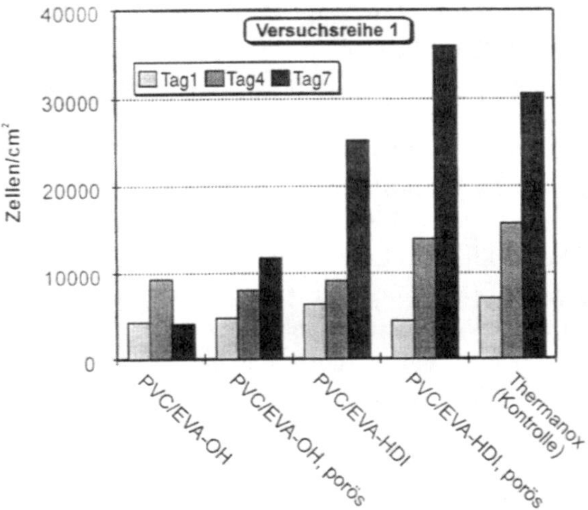

5. Modifizierung der Oberfläche von Polymerblends aus Poly(ethylen-co-propylen) und Poly(ethylen-co-vinylacetat) sowie eines Polyetherurethans

Polymerblends aus Poly(ethylen-co-propylen) und Poly(ethylen-co-vinylacetat) wurden nach Verseifung mit einem Dicarbonsäuredichlorid als Spacer umgesetzt; freie Säurechloridgruppen wurden verseift und nach der Cabrodiimid-Methode mit Aminosäuremethylestern kondensiert. Die „Aktivierung“ mit der Dicarbonsäure läßt sich deutlich im C1s-Röntgenphotoelektronenspektrum verfolgen. Außerdem zeigen die Sekundärionenmassenspektren sowohl kationische als auch anionische Fragmente, die auf die kovalente Anbindung der Aminosäuren schließen lassen, wobei insbesondere solche Fragmente von Bedeutung sind, die neben dem Aminosäurerest auch den Spacer und den Sauerstoff der Vinylalkoholeinheit des Basispolymeren enthalten (Abb. 12). Auf diese Weise ist eindeutig gezeigt, daß die verschiedenen Kopplungsschritte zu kovalenten Verknüpfungen führen [21, 22].

Auch die Elektronenspinresonanz ist geeignet, die kovalente Oberflächenmodifizierung zu belegen.

Als Beispiel sei die Plasmaanregung eines Polyetherurethans angeführt, das in der Praxis unter dem Namen Tecoflex® Anwendung findet (Schema 4). Durch Plasmaanregung werden Radikale erzeugt, die die radikalische Polymerisation von Acrylaten, insbesondere von Pentandicarbonsäure(mono-4-acryloyloxy)butylester erlauben. Nach der Carbodiimid-Methode lassen sich an die freien Carboxylgruppen Amine (Aminosäuren, Oligopeptide oder 4-Amino-2,2',6,6'-tetramethylpiperidin-N-oxid, TEMPO) binden. Das letzt-

Abb. 12: Das anionische Fragment 246 als massenspektrometrischer Nachweis für die kovalente Ankopplung an das Basispolymere

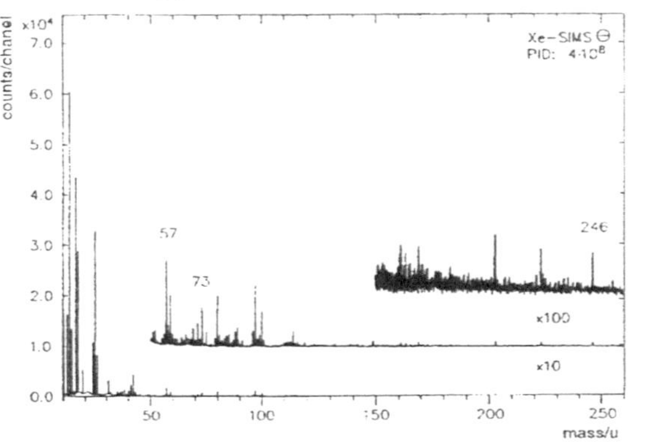

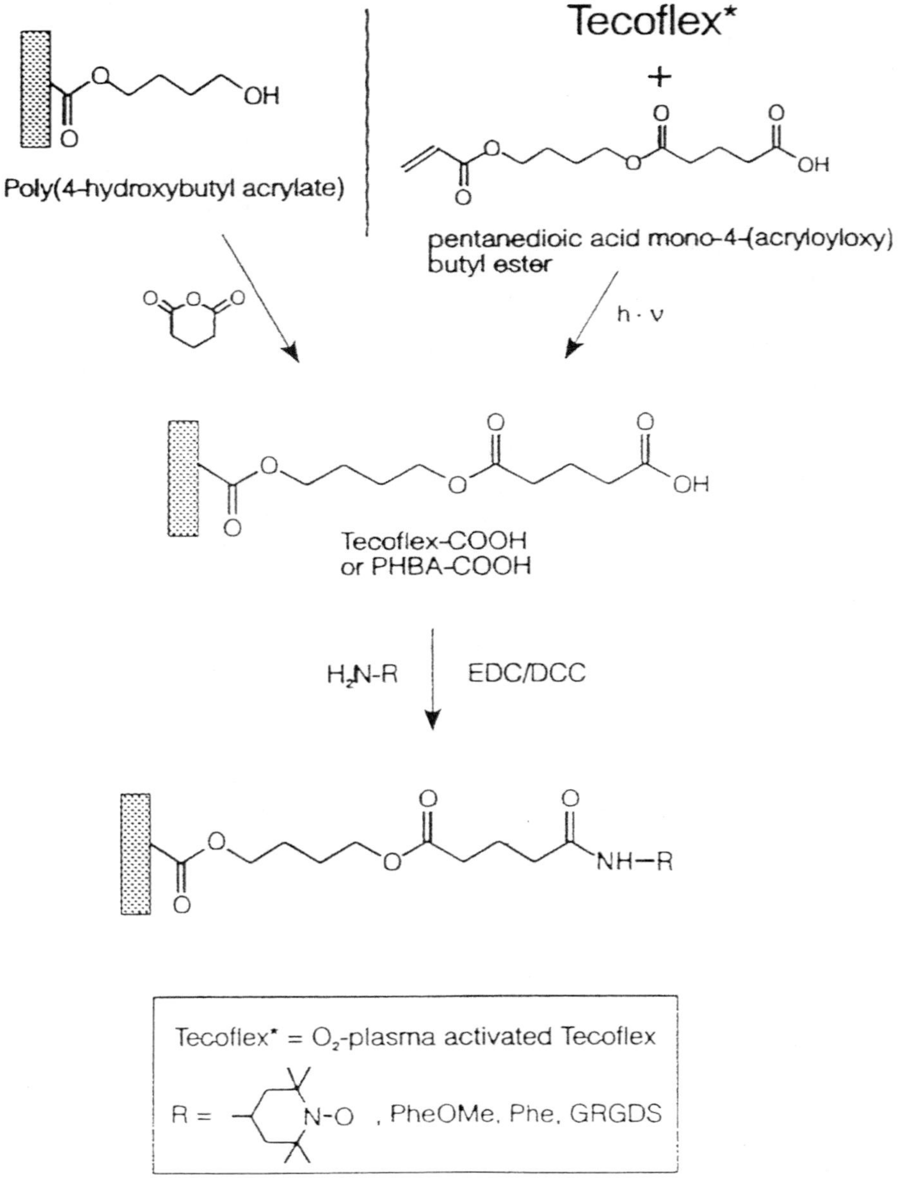

Poly(4-hydroxybutyl acrylate)

Tecoflex*

+

pentanedioic acid mono-4-(acryloyloxy) butyl ester

h · ν

Tecoflex-COOH
or PHBA-COOH

H_2N-R | EDC/DCC

NH—R

Tecoflex* = O_2-plasma activated Tecoflex

R = N-O , PheOMe, Phe, GRGDS

Schema 4: Tecoflex/Poly(pentandicarbonsäuremono-4-acryloyloxybutylester) und Poly(4-hydroxybutylacrylat) als Basispolymere für die Ankopplung von Dicarbonsäuren und weitere Umsetzung mit Aminen, einschließlich 2,2,6,6-Tetramethyl-4-aminopiperidin-N-oxid (4-Amino-TEMPO)

genannte Amin stellt einen Spinmarker dar, der bei kovalenter Anbindung an die Oberfläche aufgrund stark eingeschränkter Beweglichkeit das typische ESR-Spektrum immobilisierter Radikale zeigt. Adsorptiv gebundenes und wesentlich beweglicheres TEMPO kann durch das Auftreten eines scharfen kleinen Signals detektiert werden (Abb. 13) [23].

Während die massenspektrometrische Untersuchung GRGDS gepfropfter Polymerer keine eindeutigen Ergebnisse liefert, findet sich nach Umsetzung des Asparagin- und des Serin-Restes zum Benzylester in deutlichen Konzentrationen das Tropyliumion. Auch dieser Befund weist auf die kovalente Anbindung in diesem Fall des Pentapeptids hin (Abb. 14) [24].

Abb. 13: Temperaturabhängige ESR-Messung von mit TEMPO (vgl. Schema 4) gekoppeltem Poly-4-hydroxybutylacrylat im Vergleich zu einer Kontrollprobe mit adsorptiv-gebundenem Spinlabel (TEMPO)
*) Durch Reinigung nicht entferntes adsorptiv-gebundenes Spinlabel
+) Adsorbiertes Spinlabel mit stark eingeschränkter Beweglichkeit

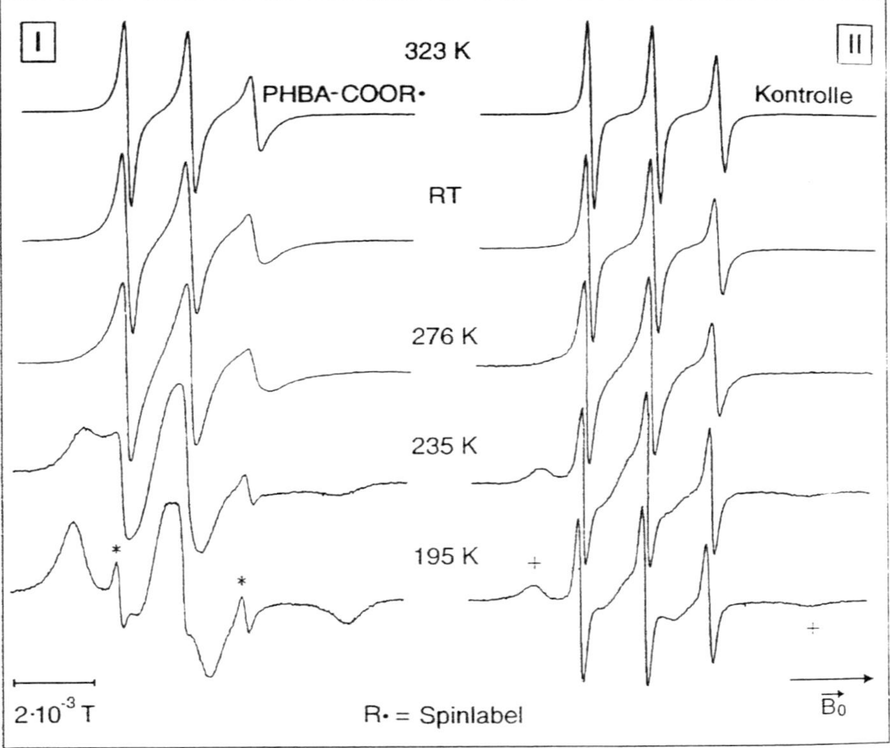

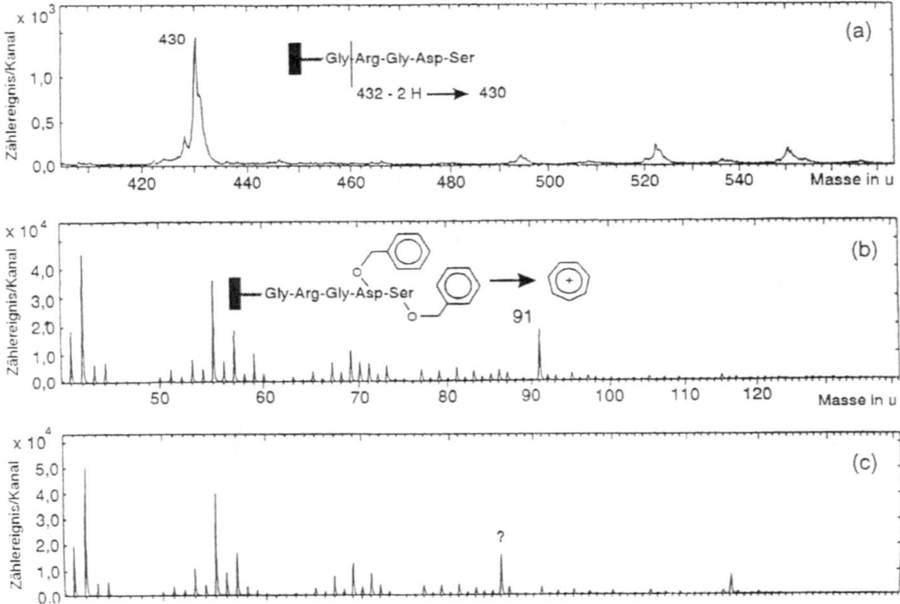

Abb. 14: Massenspektrometrischer Nachweis von GRGDS gepfropfter Oberfläche mit den D- und S-Resten als Benzylester

6. *Mischungen aus Poly(ethylen-co-propylen) und Poly(ethylen-co-vinylacetat)*

Aus Poly(ethylen-co-propylen) und Poly(ethylen-co-vinylacetat) wurden Mischungen 30 : 70, 50 : 50 und 70 : 30 w/w hergestellt. Transmissionselektronenmikroskopische Aufnahmen zeigen deutlich eine Zweiphasenstruktur und die Phasenumkehr des Polymerblends (Abb. 15). Darüber hinaus aber ergibt die Untersuchung der Oberfläche mit Hilfe der Röntgenphotoelektronenspektroskopie, daß die chemische Zusammensetzung erheblich davon abhängt, ob die untersuchten Folien luft- oder wasserextrudiert wurden. Im ersten Fall ist der Kohlenstoffgehalt der Oberfläche hoch und der Sauerstoffgehalt relativ niedrig, im zweiten Fall ist der Kohlenstoffgehalt deutlich geringer als im ersten und der Sauerstoffgehalt deutlich höher (Tab. 3 und 4). Entsprechend ihrer Oberflächenzusammensetzung zeigen die Polymeren unterschiedliche ζ-Potentiale und unterschiedliche Verhältnisse der dispersiven zu den polaren Anteilen der Oberflächenspannung (γ^d, γ^p). Diese Werte wurden mit Blutkompatibilitätsparametern korreliert, die in einer modifizier-

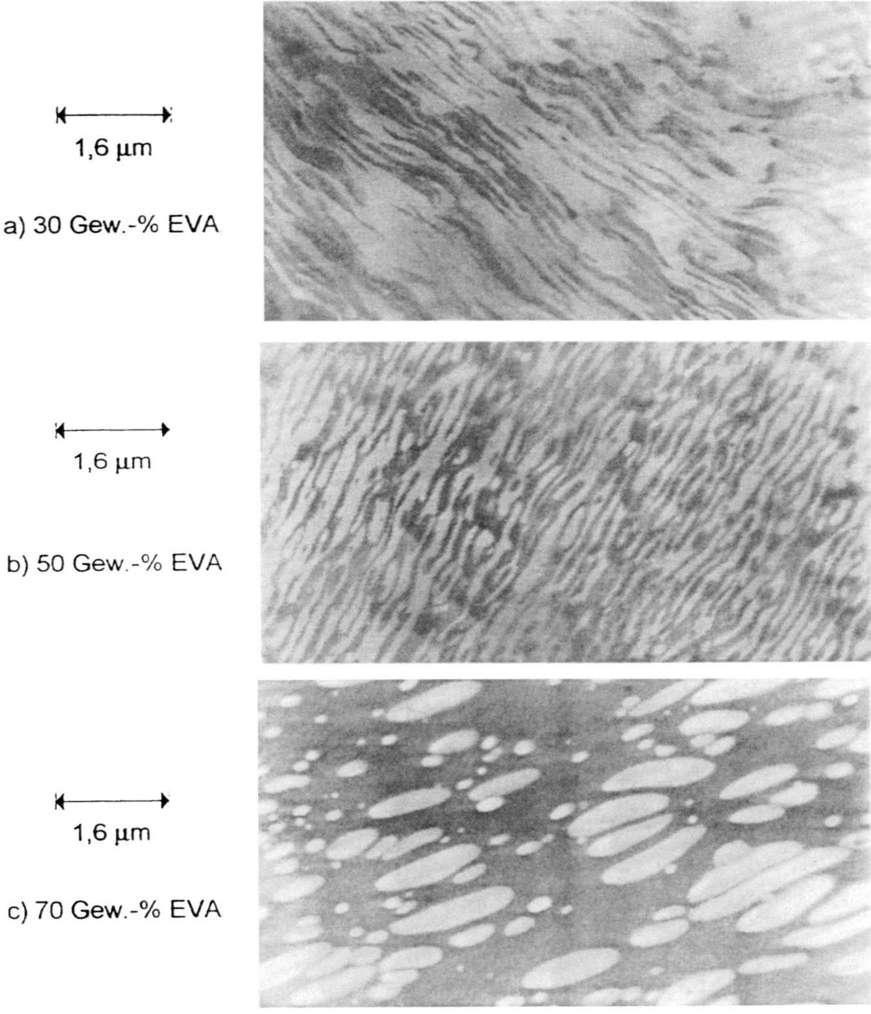

Abb. 15: Transmissionselekronenmikroskopische Charakterisierung von PPE/EVA-Blends nach Kontrastierung der EVA-Phase

ten Bowry-Blutkammer ermittelt wurden, insbesondere zur Zahl der Thrombozyten, zur Zahl der Leucozyten und zur partiellen Thromboplastinzeit. In den Abb. 16 und 17 ist die relative Änderung der hämatologischen Parameter X/Xo nach Fremdoberflächenkontakt dargestellt, wobei Xo den betreffenden Parameter ohne Fremdoberflächenkontakt bedeutet. In beiden Fällen zeigt

EVA-Gehalt [Gew.-%]	C [Atom-%]	O [Atom-%]	Si [Atom-%]	andere [Atom-%]
0	98,9	0,7	0,4	–
30	94,8	3,0	2,2	–
50	98,9	1,1	–	–
70	94,0	4,0	2,0	–
100	86,5	9,8	3,5	0,2

Tabelle 3: PPE/EVA-Blends, luftextrudiert
Elementzusammensetzung nach Röntgenphotoelektronenspektroskopie

sich, daß alle Kurven ein Maximum aufweisen, das hoher Blutverträglichkeit zuzuordnen ist (im Fall X/Xo = 1 ist der betreffende hämatologische Parameter nach Fremdoberflächenkontakt identisch mit demjenigen ohne Fremdoberflächenkontakt). Die Ergebnisse deuten darauf hin, daß das sogenannte Biokompatibilitätsfenster einen realen Hintergrund besitzt. Näherungsweise könnte man im vorliegenden Fall für ein Verhältnis γ^d/γ^p von 10 bis 14 und für ein ζ-Potential von –12 bis –4 mV von einem Blutkompatibilitätsfenster sprechen [25].

Tabelle 4: PPE/EVA-Blends, wasserextrudiert
Elementzusammensetzung nach Röntgenphotoelektronenspektroskopie

EVA-Gehalt [Gew.-%]	C [Atom-%]	O [Atom-%]	Si [Atom-%]	N [Atom-%]	andere [Atom-%]
0	95,5	2,5	2,0	–	–
30	88,2	7,0	4,8	–	–
50	83,4	10,3	4,8	1,0	0,5
70	87,4	7,2	3,8	1,4	0,2
100	80,3	13,5	4,7	0,8	0,7

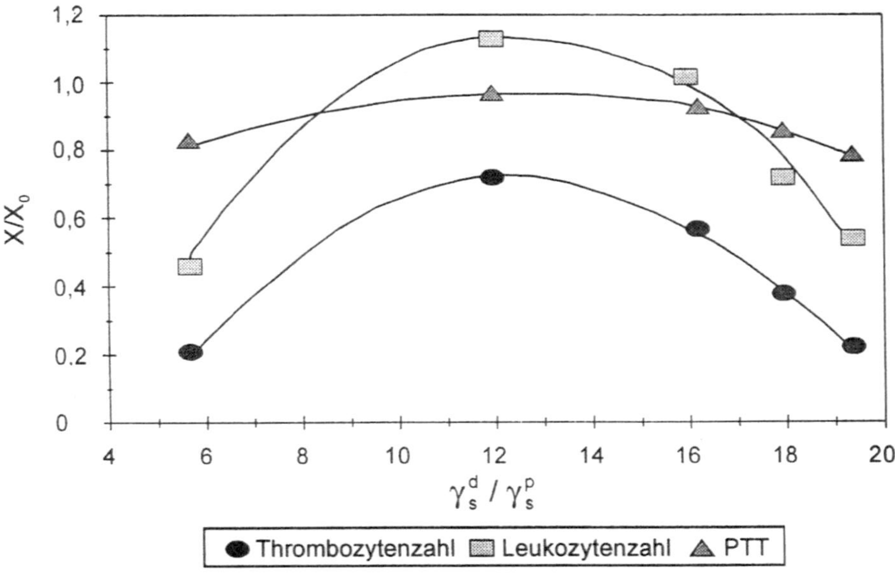

Abb. 16: Relative Änderung der hämatologischen Parameter X/Xo nach Fremdoberflächenkontakt als Funktion von γ_s^d/γ_s^p

Abb. 17: Relative Änderung der hämatologischen Parameter X/Xo nach Fremdoberflächenkontakt als Funktion des ζ-Potentials (pH 7,2)

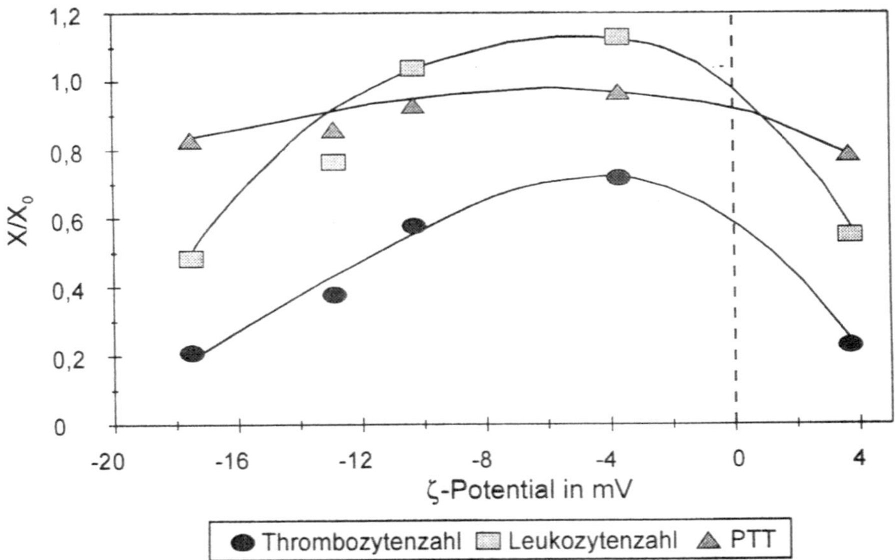

7. *Polyethersulfon als Material für die Dialyse*

Polyethersulfon ist ein thermisch hochbeständiges und chemisch weitgehend inertes Polymeres, das für die Herstellung von Membranen gut geeignet ist. Es ist jedoch durch eine hydrophobe Oberfläche gekennzeichnet, die zu einer hohen Fibrinogenadsorption Anlaß gibt und damit zu einem hohen Gerinnungsrisiko für Blut, falls dieses nicht große Mengen an Heparin enthält. Aus diesem Grund erscheint es zweckmäßig, die Oberfläche des Polyethersulfons zu hydrophilieren, ohne seine mechanischen Eigenschaften nachteilig zu beeinflussen.

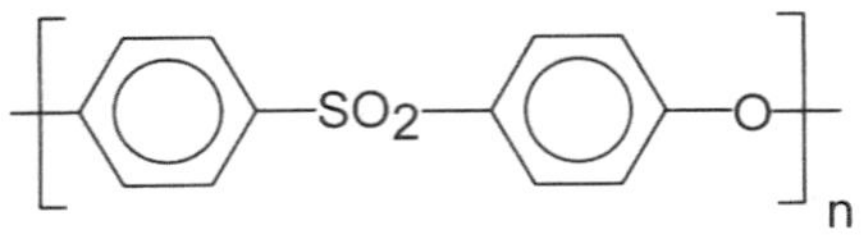

$$\left[-C_6H_4-SO_2-C_6H_4-O- \right]_n$$

Die Aktivierung der Oberfläche erfolgt vorzugsweise mit einem Stickstoffplasma, das Radikale erzeugt, die in der Folge mit Luftsauerstoff zu Peroxidradikalen und schließlich zu Hydroperoxidgruppen reagieren, die anschließend, nach thermischer Spaltung in Radikale, als Initiatorstellen für die Pfropfung von Hydroxyethylmethacrylat fungieren können.

Die erfolgreiche Hydroxyethylmethacrylat-Pfropfung kann mit Hilfe der Röntgenphotoelektronenspektroskopie nachgewiesen werden. Das Elementspektrum der Oberfläche des modifizierten Polyethersulfons unterscheidet sich kaum von dem des Polyhydroxyethylmethacrylats (Tab. 5). Dieser Befund

Tabelle 5: Oberflächenzusammensetzung (Röntgenphotoelektronenspektroskopie) von mit Polyhydroxyethylmethacrylat gepfropftem Polyethersulfon

$$\left[-C_6H_4-SO_2-C_6H_4-O- \right]_n \qquad \left[-CH_2-C(CH_3)(C(=O)-O-C_2H_4OH)- \right]_n$$

Element	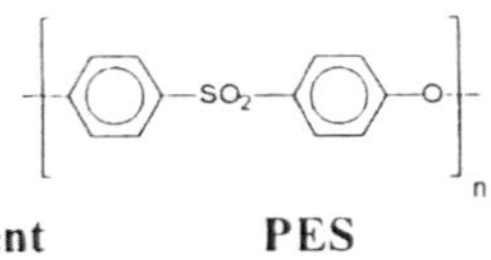 PES [Atom%]	PT PES# [Atom%]	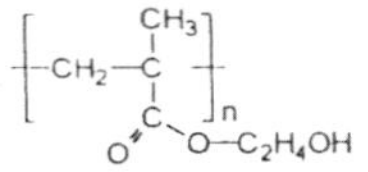 HEMA grafted PES [Atom%]	PHEMA film [Atom%]
C	75,6	66,6	70,1	69,0
O	16,6	22,4	29,3	30,5
S	6,09	5,8	0	0
N	1,7	5,2	0,6	0,5

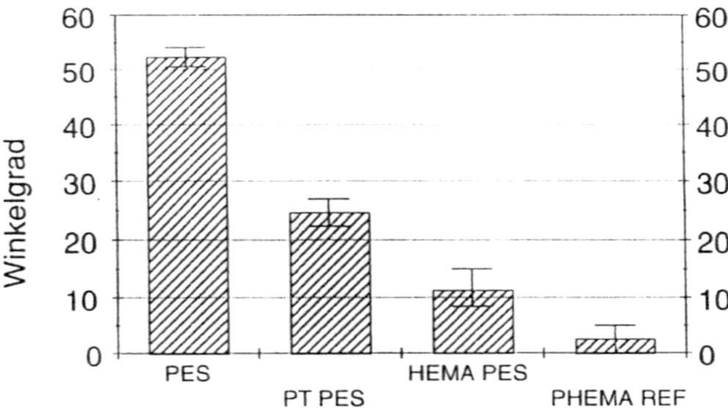

Abb. 18: Kontaktwinkel von Polyethersulfon, plasmabehandeltem Polyethersulfon, Hydroxyethylmethacrylat-gepfropftem Polyethersulfon und Polyhydroxyethylmethacrylat als Referenz

läßt darauf schließen, daß eine ca. 10 nm dicke Schicht von Hydroxyethylmethacrylat auf die Oberfläche des Polyethersulfons gepfropft wurde.

Die Folge dieser Oberflächenmodifizierung ist ein stark abgesunkener Kontaktwinkel; während Polyethersulfon im Urzustand einen Kontaktwinkel (mit Wasser) von 50° besitzt, zeigt das Hydroxyethylmethacrylat-modifizierte Polyethersulfon einen solchen von 10° (Abb. 18).

Gleichzeitig ist die Fibrinogenadsorption auf dem modifizierten Polyethersulfon auf 20% (bezogen auf den Ursprungswert) abgesunken (Abb. 19) [26].

Abb. 19: Fibrinogen-Adsorption auf Polyethersulfon (Bezugswert) und plasmabehandeltem Polyethersulfon, Hydroxyethylmethacrylat-gepfropftem Polyethersulfon und Polyhydroxymethylmethacrylat als Referenz

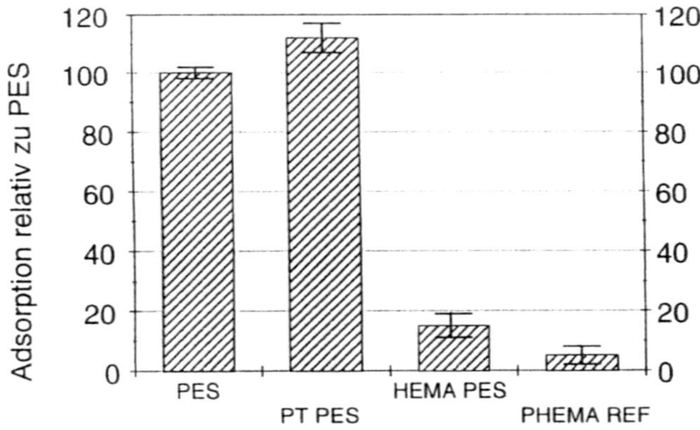

8. Ausblick

Die dargestellten Ergebnisse zeigen, daß die Oberflächenmodifizierung von Polymeren analytisch nachweisbar ist und sich auch durch die Veränderung biochemischer Parameter anzeigt. Sicher ist die Auswahl der genannten Beispiele eher zufällig und die Gesamtzahl der untersuchten Systeme bisher klein. Sicher lassen die punktuellen Untersuchungen auch keinen Schluß auf eine so komplexe Eigenschaft wie „Biokompatibilität" oder gar „Hämokompatibilität" zu. Die Ergebnisse müssen daher als ein erster Schritt zum Verständnis der Wechselwirkungen von Implantatmaterialien mit dem Biosystem gesehen werden. Erst in-vivo Versuche werden zeigen können, inwieweit durchgeführte Modifizierungen erfolgreich und insbesondere auf Dauer erfolgreich sind.

9. Danksagung

An den vorgestellten Untersuchungen waren eine große Zahl von Mitarbeitern beteiligt, insbesondere Dr. Doris Klee, Dr. Kathrin Schröder, Dr. Rudolfo V. Villari, Dr. Birgit Severich, Dr. Günter Lorenz, Jochen Wirsching und Herbert Thelen.

Forschungen auf diesem interdisziplinären Gebiet können nur in der Zusammenarbeit zwischen Chemikern und Medizinern erfolgreich sein. Daher ist unsere seit zehn Jahren fest etablierte Zusammenarbeit mit Herrn Prof. Dr. Christian Mittermayer, Direktor des Instituts für Pathologie des Universitäts-Klinikums der RWTH Aachen, besonders hervorzuheben.

Zahlreiche Arbeiten wurden im Rahmen von BriteEuram und BMBF-Projekten durchgeführt; in diesem Zusammenhang sei besonders den Firmen Bayer AG und Akzo Nobel gedankt sowie die finanzielle Förderung der EU und des BMBF erwähnt.

Literatur

[1] Brockhaus-Enzyklopädie 19. Aufl., Brockhaus, Mannheim.

[2] B. D. RATNER, *„Biomedical Applications of Synthetic Polymers"*, in: *The Synthesis, Characterisation, Reactions and Applications of Polymers,* vol. 7, Pergamon Press, 201 (1989).

[3] Y. IKADA, ACS Symposium Series No. 540, Polymers of Biological and Biomedical Significance, Shalaby W. Shalaby et al., Editors (1994).

[4] D. F. WILLIAMS, CRC Critical Reviews in Biocompatibility, **2,** 218–301 (1986).

[5] C. R. BLASS, Med. Dev. Tec. **33,** 544 (1992).

[6] D. F. WILLIAMS (Hrsg.), Definitions in Biomaterials, Progress in Biomedical Engineering **4,** Elsevier, Amsterdam (1987).

[7] B. D. RATNER, *J. Biomed. Mat. Res.* **27,** 837 (1993).

[8] N. YUI, K. KATAOKA, Y. SAKURAI, Proc. of the 1st International Symposium on Current Problems for Further Development of Artificial Heart and Assist Device, in Artificial Heart 1 (T. Akutsu, Hrsg.), Bd. 1 Kp. 3, Springer-Verlag, Tokyo, **23** (1986).

[9] Y. IKADA, Blood-Compatible Polymers in: K. Dusek (Hrsg.) Advances in Polymer Science **57,** 103 (1984).

[10] A. BASKIN, *„The Effect of Polymer Surface Composition and Structure on Adsorption of Materials"* in: *Blood Compatible Materials and their Testing,* Martinus Nijhoff Publishers, Dortrecht, **39** (1986).

[11] A. TAKAHARA, A. Z. OKKEMA, S. L. COOPER, J. COURY, Biomaterials **12,** 324 (1991).

[12] C. H. BAMFORD, K. G. AL-LAMEE, Clin. Mater., **10,** 243 (1992).

[13] G. H. ENGBERS, J. FEIJEN, The International Journal of Artificial Organs **14,** 199 (1991).

[14] M. B. HERRING, Endothelial Cell Seeding of Blood Flow Surfaces. In: Vascular Grafting, Clinical Applications and Techniques, Wright C. B. Ed. John Wright PSG Inc., Boston, **27** (1983).

[15] P. B. VAN WACHEM, C. M. VRERIKS, T. BEUGELING, F. FEIJEN, A. BANTJES, J. P. DETMERS, W. G. VAN AKEN, J. Biomed Mater. Res. **21,** 701 (1987).

[16] W. BREUERS, D. KLEE, H. HÖCKER, CH. MITTERMAYER, Immobilization of a Fibronectin Fragment at the Surface of a Polyetherurethane Film. In: *J. of Materials Sci.: Materials in Medicine* **2,** S. 106–109 (1991).

[17] J. D. ANDRADE, „Surface and Interfacial Aspects of Biomedical Polymers", Plenum Press, New York (1985).

[18] R. E. CHELDS, W. G. BARDLEY, Biochem. J., **145,** 93 (1975).

[19] D. KLEE, R. V. VILLARI, B. DEKKER, H. HÖCKER, Surface Modification of a New Flexible Polymer with Improved Cell Adhesion. In: J. of Materials Science: Materials in Medicine, S. 592–595 (1994).

[20] J. WIRSCHING, D. KLEE, A. DEKKER, CH. MITTERMAYER, Covalently Immobilized Fibronectin on PVC-Copolymer Surfaces: Effects on Fn-Conformation and Cell Proliferation. In: Proc. of the 12th European Conf. on Biomaterials, Porto, 10.–13. Sept. 1995 (1995).

[21] A. LEUTE, D. RADING, A. BENNINGHOVEN, K. SCHROEDER, D. KLEE, Static SIMS Investigation of Immobilized Molecules on Polymer Surfaces. In: *Adv. Mater., Communications,* Nr. **10,** S. 775–780 (1994).

[22] K. SCHROEDER, D. KLEE, H. HÖCKER, A. LEUTE, A. BENNINGHOVEN, CH. MITTERMAYER, Surface Analysis of PP/EVA-Blends Modified with Amino Acids for Biomedical Applications. In: *J. of Applied Polymer Science* **58,** S. 699–710 (1995).

[23] G. LORENZ, D. KLEE, H. HÖCKER, CH. MITTERMAYER, Characterization of Surface Modified Polyurethane-Blends, Poly(vinyl alcohol) and Poly(4-hydroxybutyl acrylate) for Biomedical Application by Electron Spin Resonance Spectroscopy. In: *J. of Applied Polymer Science* **57,** S. 391–400 (1995).

[24] G. LORENZ, D. KLEE, R. KAUFMANN, M. CASARETTO, H. HÖCKER, CH. MITTERMAYER, Surf. Interf. Anal., 1996 to be published.

[25] D. KLEE, B. SEVERICH, H. HÖCKER, Correlation between chemical and physical surface properties and blood compatibility of PPE/EVA-Blends. In: Makromol. Chem., Macromol. Symp. **103,** S. 19–31 (1996).

[26] H. THELEN, R. KAUFMANN, D. KLEE, H. HÖCKER, Development and characerization of a wettable, by glow discharge induced HEMA-graft polymerisation surface modified polyethersulphone. In: *Fresenius J. Anal. Chem.* **353,** S. 290–296 (1995), in press.

Diskussion

Herr Führ: Lieber Herr Kollege Höcker, ich möchte genau auf den letzten Punkt kommen. Sie haben uns sehr schön die chemischen, die biochemischen Eigenschaften und die Biokompatibilität dargestellt, auch die Methoden, mit denen Sie diese Materialien testen. Da wir ja unter Umständen einmal von solchen Implantaten abhängig sind, interessiert mich hauptsächlich, wie denn in einer solchen Zusammenarbeit mit der Medizin die eigentliche Entwicklung vor sich geht und mit welchen Versuchen dann letztlich der Sprung von den reinen Labormethoden in die Realität geht. Vielleicht können Sie das an einem Beispiel schildern.

Herr Höcker: Ein typisches Beispiel gibt es wohl kaum, wenigstens bisher. Im allgemeinen läßt sich der Sprung von den reinen Labormethoden in die Realität aber folgendermaßen beschreiben. Nach einer möglichst genauen Charakterisierung einer Materialoberfläche, die vielleicht vorher mit einem ganz bestimmten Ziel modifiziert wurde, wird die Proteinadsorption überprüft. Anschließend wird die Besiedlung der Oberfläche mit Zellkulturen durchgeführt und das Zellwachstum in Abhängigkeit von der Zeit bestimmt; dazu gehört die Dokumentation der Zellausbreitung und der Zahl der lebenden und nekrotischen Zellen sowie die Protein- und Nukleinsäureproduktion der Zellen. Schließlich können unterschiedliche Blutverträglichkeitstests durchgeführt werden. Anschließend wird man über Tierversuche zum Versuch am Menschen schreiten.

Ich möchte darauf hinweisen, daß der umfassende Test für ein Biomaterial mit einem wohldefinierten Einsatz wegen der hohen Komplexität des Biosystems nicht zur Verfügung steht und auch, daß der Tierversuch keineswegs eine für den Menschen zuverlässige Antwort geben muß.

Herr Nickel: In Ergänzung habe ich noch eine Frage zur Stabilität der Implantate. Sie sprachen selber von Abstoßung, davon, daß der Körper das Implantat ggf. nicht annimmt oder daß sogar Gegenreaktionen auftreten. Was ist dabei besonders wirksam? Ist das der Sauerstoff? Oder ist das schlechthin die flüssige Phase, die gegen die Stabilität wirkt?

Herr Höcker: Es ist wie üblich beides und in der Regel noch mehr. Zunächst ist es die Flüssigkeit schlechthin, das Wasser, das – auch ohne Anwesenheit von Enzymen – zu einer hydrolytischen Spaltung der Polymerketten führt. Darüber hinaus aber entfalten das humorale und das zelluläre Immunsystem ihre Wirkung. So können Makrophagen das Implantat befallen und durch Produktion der hochreaktiven Sauerstoffradikalanionen seinen oxidativen Abbau einleiten.

Auf diese Weise werden sehr inerte Polymerstrukturen wie das Polytetrafluorethylen angegriffen und abgebaut. Hochorientierte Bereiche im Werkstoff sind dabei weniger anfällig für den Abbau als weniger gut orientierte oder kristalline Bereiche. Aus diesem Grund wird Polytetrafluorethylen für den Einsatz in der Medizin gewöhnlich hoch verstreckt.

Wegen der hohen Aggressivität des Biosystems ist es daher auch fraglich, ob Oberflächenmodifizierungen, wie die Anbindung des Proteins Fibronectin, von Dauer sind. Es ist jedoch zu hoffen, daß Endothelzellen, die sich einmal auf einer geeigneten Oberfläche angesiedelt haben, nunmehr ihre eigene Basalmembran ausbilden und das Material auch auf Dauer besiedeln können, selbst wenn die ursprüngliche Oberfläche zerstört ist.

Herr Priester: In der letzten Zeit ist vielfach durch die Presse gegangen, daß es bei Brustoperationen mit den Implantaten Probleme gegeben hat. Können Sie dazu etwas sagen?

Herr Höcker: Bei den Mammaimplantaten handelt es sich um Silikone, die in der Regel in Polyurethanbeutel verpackt implantiert werden. Das Problem solcher Implantate bestand darin, daß die Polyurethanbeutel zerstört wurden und ihren Inhalt freigaben; darüber hinaus könnten beim reduktiven Abbau von Polyurethanen cancerogene Amine entstehen. Meines Wissens ist jedoch die Entstehung von Krebs durch Mammaimplantate nicht bewiesen.

Herr Sandhoff: Sie haben Fibronectin auf die Oberfläche gegeben. Mich würde interessieren, ob Sie die Oberfläche vollständig beschichten können.

Dann haben Sie über den Abbau gesprochen. Aber Proteine werden nicht nur abgebaut, sie können auch denaturieren, und dann würden sie immunogen wirken, was gar nicht so gut wäre. Zellen tragen vor allem Oligosaccharide, Kohlenhydrate, Glycosaminoglykane auf ihrer Oberfläche, und die sind quasi zellschonend. Haben Sie einmal daran gedacht, solche Strukturen auf die Oberfläche Ihrer Polymeren zu bringen?

Herr Höcker: Zunächst zu Ihrer ersten Frage. Wir wissen bisher nicht, wie dicht die Polymeroberfläche mit Fibronectin beschichtet ist und ob das Protein in seiner nativen Form auf der Oberfläche liegt. Wir wissen jedoch, daß es seine Endothelzell-bindende Domäne so präsentiert, daß geeignete Antikörper sie erkennen können. Dies mag zeigen, daß das Protein nicht vollständig denaturiert auf der Oberfläche liegt.

Zu Ihrer zweiten Frage: Oligosaccharide und Glycosaminoglycane haben wir bisher nicht an Polymeroberflächen gebunden, obwohl es sich hierbei um wichtige Strukturen handelt.

Herr Sandhoff: Die Endothelzell-bindende Domäne wäre nach Denaturierung immer noch da. Das ist kein Kriterium. Wenn Sie das Protein auf die Oberfläche bekommen, kann es im Laufe der Zeit denaturieren und dann wird es immunogen.

Herr Höcker: Das Studium der Teritärstruktur des absorbierten Fibronectins steht auf unserem Programm.

Herr Sandhoff: Weil Proteine ja auch in der lebenden Zelle nur eine begrenzte Lebenszeit haben, weil sie irgendwann denaturieren, werden sie aus dem Verkehr gezogen. Deswegen werden Sie es auf Ihrer Oberfläche wahrscheinlich nicht für immer erreichen, daß sie nicht denaturieren.

Herr Höcker: Richtig. Deshalb die Hoffnung, daß die Endothelzellen ihre eigene Basalmembran produzieren und damit das denaturierte bzw. abgebaute Fibronectin ersetzen.

Herr Eichhorn: Herr Kollege Höcker, Sie haben uns über Ihrer interessanten Versuchsergebnisse an Polymeroberflächen bei entsprechender Präparation berichtet. Mich würde interessieren, ob es auch Erkenntnisse bei keramischen und metallischen Werkstoffen über die Verträglichkeit gibt.

Herr Höcker: Keramische und metallische Werkstoffe werden im Hartimplantatbereich in großem Umfang eingesetzt. Ihre Bioverträglichkeit ist weniger kritisch als die von Implantaten im Weichgewebe- und Blutkontakt. Dennoch gilt es auch hier, die Oberflächenbioverträglichkeit zu verbessern, besonders, wenn es um den Weichgewebekontakt geht. Hierzu liegen bei uns aber keine Erfahrungen vor.

Herr Schreyer: Herr Höcker, Sie sagten, daß Ihre Versuche als nächstes in das Tierversuchsstadium übergehen und daß Sie erst später den Menschen als

Versuchskaninchen heranziehen werden. Im Grunde sind wir dies aber doch schon seit vielen Jahrzehnten, indem wir die Implantate, Herzklappen usw., tragen.

Kann man das Pferd nicht auch von der anderen Seite her aufzäumen und die Frage stellen: Wie ist die Biokompatibilität, wie lange hält sie, wovon hängt das alles ab, kann man die Herzklappen, wenn sie dann einmal ersetzt werden müssen, nicht auch untersuchen und feststellen, was in all diesen Jahren passiert ist?

Herr Höcker: Ihre Frage trifft den Kern der Sache. Um so bedauerlicher ist es, daß es bisher auf der ganzen Welt nur wenige epidemiologische Untersuchungen zum Langzeitverhalten von Implantatwerkstoffen gibt. So gibt es meines Wissens nur in den Vereinigten Staaten von Amerika eine zentrale Stelle, die die Eigenschaften explantierter Augenlinsen dokumentiert.

Aus einer zentralen Schadenanalyse von Implantatmaterialien ließe sich viel für die Entwicklung besserer Implantatwerkstoffe ableiten. Bisher hat niemand die Initiative für die Einrichtung einer solchen Zentralstelle ergriffen.

Herr Schaffner: Ich darf zu diesem Punkt noch etwas fragen, obwohl Sie im Grunde schon eine negative Antwort darauf gegeben haben. Bei den Herzklappen sind meines Wissens Schweinehäute und nicht Polyurethane die befriedigendsten Materialien. Gibt es über diese natürlichen Materialien Ergebnisse, wie sie nach zehn Jahren chemisch aussehen?

Herr Höcker: Zu den Herzklappen kann Herr Prof. Effert viel besser als ich Stellung nehmen.

Herr Effert: Es gibt grundsätzlich zwei Systeme, mechanische Prothesen und Bioprothesen. Bei den mechanischen Klappen-Prothesen handelt es ich um ein- und zweiflügelige Kippscheiben-Prothesen. Der Vorteil der mechanischen Prothesen ist, daß sie mechanisch lange halten. Aber es ist erforderlich, die Blutgerinnungsfähigkeit permanent herabzusetzen. Das ist für die Patienten eine ganz schwere, komplikationsreiche Belastung.

Die Bioprothesen lassen sich unterteilen in Schweineklappen und Rinderperikardklappen. Der Vorteil der Bioprothesen ist, daß eine Antikoagulation nicht erforderlich ist. Ihre Haltbarkeit ist aber gegenüber den mechanischen Prothesen deutlich geringer. Insbesondere wenn Bioprothesen bei jüngeren Patienten implantiert werden, haben sie – das liegt am Kalziumphosphat-Spiegel dieser Altersgruppe – eine wesentlich stärkere Tendenz zur Verkalkung und sogenannter Biodegradation. Es ist aber heute die Regel, Bioprothesen nur bei Patienten jenseits des 65. Lebensjahres einzupflanzen, so daß ihre Überlebenswahrscheinlichkeit mit der des Patienten übereinstimmt. Bei jüngeren Patienten kommen nach wie vor die mechanischen Prothesen zum Einsatz. Ausnahme ist der Kinderwunsch bei jüngeren Frauen, weil da eine Antikoagulation nicht in Betracht kommt bzw. sehr risikoreich ist.

Der Gefäßersatz durch Kunststoffprothesen spielt nur bei größeren Gefäßen eine Rolle, z. B. beim Ersatz von Abschnitten der Aorta, der Hauptschlagader. Das Hauptfeld des Gefäßersatzes ist die Koronarchirugie. Hier gibt es nach wir vor nur Venenprothesen oder Mamaria-interna-Implantate.

Ich kann also nur bestätigen, was Sie in Ihrem Vortrag betont haben: Die biologische Materie ist äußerst schwierig; das wird nicht immer in so klarer Weise herausgebracht.

Herr Wilke: Vor ungefähr zwanzig Jahren hatte ich Gelegenheit, bei einer Bypass-Operation von der Aorta in der Femoralis zuzuschauen. Wenn ich mich recht erinnere, wurde ein strumpfartiges Gewebe aus Polyacrylnitril als neues Gefäß eingesetzt. Die Patientin hat sich in Abständen von jeweils fünf Jahren wieder vorgestellt, und soviel mir bekannt ist, ist dieser Bypass noch heute voll funktionsfähig, ohne daß es irgendwelche Schwierigkeiten gegeben hat.

Herr Effert: Bei großen Gefäßen funktioniert das, aber bei kleineren, und das ist sehr, sehr wichtig, funktioniert es nicht.

Herr Höcker: Bei Durchmessern <5 mm ist eine vollständige Hämokompatibilisierung absolut notwendig, um ein Verstopfen der Gefäße durch Thromben zu verhindern. Für solche Gefäße wäre die Endothelzellbesiedlung die optimale Lösung.

Die Bildung von Planeten in zirkumstellaren Scheiben

Von *Rolf Chini*, Bochum

1. Einleitung

Die Bildung von Planeten ist eines der fundamentalen Probleme der Astronomie, das, zusammen mit dem Ursprung des Universums und der Entstehung von Leben, zu den Fragen gehört, die die menschliche Neugier am meisten beschäftigen. Daher ist es verständlich, daß – aufgrund des technischen Fortschritts im Teleskop- und Empfängerbau – die Suche nach Planeten außerhalb des Sonnensystems in den letzten Jahren erheblich verstärkt wurde. Man verspricht sich von dieser Forschung nicht nur mehr Einsicht in die Entstehung unseres eigenen Planetensystems, sondern hofft auch, dem Verständnis von der Entstehung irdischen Lebens und der Einzigartigkeit der menschlichen Existenz näher zu kommen.

Es gibt eine Reihe interessanter Möglichkeiten, extrasolare Planeten zu entdecken. Die entsprechenden Versuche und die neuesten Ergebnisse werden im folgenden dargestellt. Dabei ist es ein interessanter Zufall, daß der Zeitpunkt dieses Vortrags genau mit der Entdeckung des wohl ersten extrasolaren Planeten zusammenfällt. Wie rasant der Fortschritt auf diesem Gebiet allerdings ist, beweist die Tatsache, daß in der Zeit zwischen diesem Vortrag im November 1995 und seiner Niederschrift im August 1996 sechs weitere Entdeckungen gemacht wurden, die wegen ihrer herausragenden Bedeutung für die vorliegende Thematik ergänzend mit in das Manuskript aufgenommen wurden.

2. Die Bildung von Planetensystemen

In den vergangenen Jahrzehnten hat uns die Astronomie ein recht klares Bild darüber verschafft, wie Planetensysteme entstehen. So glauben wir heute, daß unser eigenes System durch den Kollaps einer rotierenden Wolke aus Gas und Staub entstanden ist. Das Ergebnis dieses Gravitationskollapses war eine Protosonne, umgeben von einer abgeflachten Scheibe – dem sog. solaren Nebel –, deren Ebene senkrecht zur Rotationsachse des Sonnensystems liegt. Der heutige Zustand des Planetensystems liefert starke Hinweise für die

Richtigkeit dieser Theorie, so z. B. die Tatsache, daß die Umlaufbahnen aller Planeten nahezu in einer Ebene (Ekliptik) liegen und daß ihr Umlaufsinn gleich ist. Hinzu kommen die Koinzidenz der Ekliptik mit der Äquatorebene der Sonne und die fast kreisförmigen Orbits der Planeten. Im Laufe der Abflachung dieses Nebels sorgten zufällige Kollisionen zwischen Staubteilchen dafür, daß sich die ursprünglich 0,1 µm großen Partikel, wie sie charakteristisch für den interstellaren Staub sind, zu immer größeren, mehr oder weniger festen Teilchen von cm-Größe zusammenlagerten; dieser Prozeß dauerte mehrere tausend Jahre. Nachdem sich Körper von einigen km Radius gebildet hatten, bewirkte die Gravitation eine Vergrößerung des Einfangquerschnitts über den geometrischen Querschnitt hinaus und sorgte so für zusätzliches Größenwachstum bis hin zu den Planeten. Für das Teilchenwachstum zwischen 1 cm und 1 km gibt es derzeit noch keine klare Vorstellung.

Innerhalb unseres Sonnensystems unterscheidet man zwei Arten von Planeten, je nachdem, ob sie überwiegend aus festen oder gasförmigen Bestandteilen bestehen. Im Bereich der terrestrischen (Gesteins-)Planeten, d. h. innerhalb von 4 AE (1 astronomische Einheit (AE) entspricht dem mittleren Abstand Erde – Sonne, also etwa 150 Millionen km) wuchsen die km großen Körper für ungefähr 10^5 Jahre durch weitere Kollision mit benachbarten Planetesimalen zu Objekten etwa von der Größe unseres Mondes (R = 1738 km). Nachdem diese Protoplaneten ihre unmittelbare Nachbarschaft von Planetesimalen „leergefegt“ hatten, erforderte es erhebliche Änderungen der Bahnexzentrizitäten, um mit weiteren Körpern zu kollidieren. Es wird geschätzt, daß es etwa 10^7–10^8 Jahre dauern kann, bis ein mondgroßer Körper auf Erdgröße angewachsen ist, jedoch sind auch andere Szenarien denkbar, die diesen Vorgang erheblich beschleunigen können. Diese Phase wird durch die Kollision zwischen nahezu planetengroßen Objekten dominiert.

Im Bereich der äußeren (überwiegend gasförmigen) Planeten jenseits 4 AE erfolgte die Planetenbildung zunächst ebenfalls durch Koagulation kleinster Teilchen. Aufgrund der tieferen Temperaturen im äußeren Sonnensystem konnten jedoch Eismäntel aus H_2O, CO_2, NH_3 sowie andere, gasförmige Verbindungen auf den Staubkörnern kondensieren. Nachdem die so entstandenen Gesteins- und Eisplanetesimale mit ihren Atmosphären zu Gebilden von etwa 10 Erdmassen angewachsen waren, setzte plötzlich ein Kollaps von Gas aus dem solaren Nebel auf den Protoplaneten ein; hier hat die Theorie noch erhebliche Schwierigkeiten, die Zeitskalen zu verstehen.

3. *Eigenschaften unseres eigenen Planetensystems*

Es würde sicher den Rahmen dieser Arbeit sprengen, einen vollständigen Überblick über unsere heutige Kenntnis des Sonnensystems zu geben. Dennoch sollen im folgenden einige wesentliche Fakten in Erinnerung gerufen und die daraus für die Beobachtbarkeit anderer Planetensysteme resultierenden Konsequenzen diskutiert werden; inwieweit hierbei unser eigenes System als typisches Planetensystem angesehen werden darf, bleibt fraglich und wird sich erst nach der Entdeckung und Erforschung anderer Systeme zeigen. Letztendlich stellt aber die Suche nach Systemen ähnlich dem unseren die größte Herausforderung dar, da sich nur durch diesen Vergleich Aufschluß über die Wahrscheinlichkeit der Bildung erdähnlichen Lebens gewinnen läßt.

Eine Besonderheit unseres Sonnensystems besteht in der Verteilung von Masse und Drehimpuls: Abgesehen von der Sonne, die über 99,8% der Masse, aber weniger als 0,5% des Drehimpulses enthält, ist die restliche Masse vorwiegend in den neun Planeten enthalten. Hier ist Pluto mit einem Äquatorradius von 1150 km der kleinste und Jupiter mit 71400 km der größte Vertreter. Insgesamt kennt man bisher 61 Monde in unserem Planetensystem, die die unterschiedlichsten Größen und Formen aufweisen. So sind die größten Monde von Jupiter und Saturn (Ganymed und Titan) mit 2631 km bzw. 2575 km größer als die beiden kleinsten Planeten Merkur und Pluto. Relativ unbedeutende Anteile der Gesamtmasse entfallen auf die Asteroiden und den interplanetaren Staub. Schließlich kennt man derzeit zwei Reservoirs, aus denen sich Kometen der Sonne nähern: Da ist zum einen die Oort'sche Wolke, ein sphärisches Volumen außerhalb der Planetenbahnen von etwa 10^5 AE Radius, zu der vielleicht 10^{11} gravitativ an die Sonne gebundene Kometen gehören. Bei ihnen handelt es sich wahrscheinlich um Planetesimale aus der Entstehungszeit des Sonnensystems. Vor kurzem hat man eine weitere Wolke jenseits der Neptunbahn entdeckt, die „Kuiper's belt" genannt wird. Hierbei handelt es sich um eine relativ flache Scheibe aus Kometen, deren Anzahl und Masse bislang recht ungenau bekannt sind.

Interessant für die weitere Betrachtung ist noch die Größenverteilung aller Objekte. Mittelt man über alle Körper unseres Planetensystems, so erhält man eine Größenverteilung in Form eines Potenzgesetzes mit einem Exponenten von ≈ -3.5, d. h. man hat wenig große aber sehr viele kleine Teilchen. Ein Potenzgesetz dieser Art wird allgemein erwartet, wenn viele Körper miteinander stoßen und dabei fragmentieren. Eine wichtige Konsequenz dieser Größenverteilung ist dabei die folgende: Obwohl der überwiegende Teil der *Masse* des Planetensystems in Form von Planeten vorliegt, wird die *Oberfläche* von den kleinsten Teilchen, also vorwiegend vom interplanetaren Staub gestellt.

Tabelle 1: Körper unseres Sonnensystems

Körper	Anzahl	Masse [g]	Radius [cm]
Planeten	9	$3 \cdot 10^{30}$	10^8–$7 \cdot 10^9$
Satelliten	61	$6 \cdot 10^{26}$	$6 \cdot 10^5$–$3 \cdot 10^8$
Asteroiden	10^5	$3 \cdot 10^{24}$	10^3–$5 \cdot 10^7$
IP Staub		$\approx 10^{20}$	10^{-5} – 10^{-1}
Kometenkerne	10^{12}	$\approx 10^{29}$	10^3 – 10^6

Das ist für die Beobachtung fremder Planetensysteme von großer Bedeutung, da letztlich die absorbierende bzw. emittierende Fläche eines Körpers ausschlaggebend für seine Meßbarkeit ist. Es ist also zu erwarten, daß infolge dieses Effektes die Entdeckung interplanetaren Staubes um andere Sterne leichter ist als die einzelner Planeten. Tabelle 1 faßt noch einmal alle für den vorliegenden Kontext relevanten Größen unseres Planetensystems zusammen.

4. Die Suche nach fremden Planetensystemen

Nach diesen Überlegungen zum möglichen Erscheinungsbild von Planetensystemen ist es offensichtlich, daß die Suche nach anderen Systemen höchst unterschiedliche Techniken erfordert, je nachdem, welche der zahlreichen Körper – angefangen beim interplanetaren Staub bis hin zu großen Einzelplaneten – man entdecken will. In den folgenden Kapiteln werden daher verschiedene Möglichkeiten aufgezeigt, wobei es zunächst um den Nachweis ganzer Systeme gehen soll. Da sich, wie bereits erwähnt, die meisten Körper unseres Planetensystems in einer flachen Scheibe um die Sonne bewegen, liegt es nahe, Hinweise für die Existenz solcher zirkumstellarer Scheiben um andere Sterne zu suchen. Um darüber hinaus zu überprüfen, inwieweit unsere Theorie von der Entstehung unseres eigenen Systems verallgemeinert werden kann, sollten auch unterschiedliche Entwicklungsstadien gefunden werden.

4.1 Astronomie im Submillimeterbereich

Der Beginn der Planetenentstehung ist eng mit der Entstehung von Sternen verknüpft. Dieser Prozeß spielt sich im Innern von dichten Gaswolken ab, die aufgrund ihres Staubgehaltes für herkömmliche optische Methoden völlig unzugänglich sind. Um dennoch diese Staubwolken zu durchdringen und die

Abb. 1: Das 30 m Radioteleskop auf dem Pico Veleta bei Granada, Spanien.

Frühphasen der Sternentwicklung direkt beobachten zu können, hat man mit neuartigen Teleskopen und Empfängern den letzten vom Erdboden aus zugänglichen Wellenlängenbereich zwischen 0,3 und 1,3 mm erschlossen. Diese Technik verbindet in idealer Weise zwei physikalische Gegebenheiten: Zum einen sind die benutzten Wellenlängen ausreichend groß, um ungehindert selbst durch die dichtesten Dunkelwolken „hindurchzuschauen". Zum andern haben die Staubteilchen der protoplanetaren Scheiben, die mit den gerade entstehenden und damit noch recht kühlen Sternen assoziiert sind, extrem geringe Temperaturen von nur wenigen 10 K und damit das Maximum ihrer Emission genau im submm Bereich. Dieser Zufall ermöglicht die größtmögliche Empfindlichkeit zum Nachweis kalten Staubes.

Das leistungsfähigste Teleskop dieser neuen Generation befindet sich in der Sierra Nevada in Südspanien (Abb. 1). Es handelt sich dabei um ein gemeinsames Projekt zwischen Frankreich, Spanien und Deutschland, wobei das Max-Planck-Institut für Radioastronomie (MPIfR) in Bonn wesentlich zum Bau des Teleskops und seiner Detektoren beigetragen hat. Das Teleskop hat bei einem Durchmesser von 30 m eine Oberflächengenauigkeit von etwa 70 µm und ist damit um mehr als einen Faktor 10 genauer als klassische Radioteleskope. Eine große Schwierigkeit von submm-Beobachtungen liegt allerdings in der geringen Transmission der Erdatmosphäre aufgrund ihres Wasserdampfgehaltes. Schon bei relativ geringer Luftfeuchtigkeit sind Messungen im kurzwelligen submm-Bereich praktisch ausgeschlossen, obwohl der Himmel für das Auge durchaus klar und wolkenlos sein kann. Daher werden an die Standorte für solche Beobachtungen hohe Anforderungen in bezug auf einen extrem niedrigen Wasserdampfgehalt gestellt. Eine weitere Schwierigkeit von submm-Messungen liegt in der Tatsache, daß der allgemeine Strahlungshintergrund viel höher ist als die Emission des Objektes, das man eigentlich messen will. So ist z. B. der Beitrag der kosmischen Hintergrundstrahlung, also dieses schwachen Überrestes des Urknalls, mehr als 1000 mal größer als das Signal, daß man von zirkumstellaren Scheiben erwartet; die Strahlung der Erdatmosphäre liegt sogar einen Faktor 10^6 darüber und ist zudem noch höchst variabel. Um alle Störstrahlung abzutrennen, macht man daher schnelle, differentielle Messungen zwischen dem Objekt und einer Position neben dem Objekt, um so den Strahlungshintergrund samt seiner Variation zu eliminieren. Als Empfänger benutzt man Bolometer, die aufgrund ihres temperaturabhängigen Widerstandes zur Strahlungsmessung geeignet sind. Es handelt sich dabei um winzige (300 μm) mit Neutronen dotierte Germanium-Kristalle, die mit ^{3}He auf 0,27 K gekühlt werden. Die in unserer Gruppe am MPIfR entwickelten Bolometer sind derzeit weltweit die empfindlichsten Systeme und haben die im folgenden beschriebenen Messungen überhaupt erst möglich gemacht.

4.2 Junge Sterne

Allgemein kann man sagen, daß die Bildung zirkumstellarer Scheiben durch die Theorie der Sternentstehung vorhergesagt wird. Sterne entstehen durch den Kollaps dichter Wolken von Gas und Staub. Das kollabierende System aus Protostern und umgebender Wolke rotiert, und die zunächst sphärische Wolke wird zunehmend flacher. Am Ende dieser Entwicklung steht ein stellares Objekt, umgeben von einer Scheibe aus Restmaterial, das nicht mehr auf den Stern auffallen kann. Lange Zeit war unklar, wie ein solches kollabierendes System, dessen Rotationsgeschwindigkeit aufgrund der Erhaltung des Drehimpulses immer größer werden müßte, stabil bleiben kann und ein verhältnismäßig langsam rotierendes Gebilde wie unser Sonnensystem hinterläßt.

Die Natur selbst hat die Antwort gegeben, denn man beobachtet immer häufiger, daß dieses junge Entwicklungsstadium von zwei unterschiedlichen Ausflußkomponenten begleitet wird: einem ausgedehnten, neutralen Wind, der genügend Impuls besitzt, die großräumigen, bipolaren Molekülausflüsse anzutreiben und ein Paar von kollimierten, ionisierten „Jets", die mit großer

Abb. 2: Die Ausflußquelle HH 212. Von einem extrem jungen Stern, der wegen der großen Extinktion nicht sichtbar ist, werden in entgegengesetzten Richtungen zwei „Jets" ausgeschleudert, die mit dem umgebenden Gas der Dunkelwolke wechselwirken und durch Ionisation zu den Nebelemissionen führen.

Geschwindigkeit, aber vergleichsweise kleinem Impuls in entgegengesetzten Richtungen senkrecht zur Scheibenebene ausströmen. Man nimmt an, daß der nur schwach ionisierte Wind ein magneto-hydrodynamisches Phänomen darstellt, das entweder direkt von der Scheibe oder aber von der Grenzfläche zwischen Scheibe und Stern ausgeht und offenbar zur Stabilität des Systems beiträgt, indem es überschüssigen Drehimpuls wegtransportiert. Die Entstehung der „Jets" sowie ihr Kollimationsmechanismus sind dagegen noch weitgehend unverstanden. Diese Prozesse spielen sich hinter sehr viel Staub ab, so daß man den entstehenden Stern selber im sichtbaren Licht nicht beobachten kann. Allerdings ist das herausgeschleuderte Gas in einigen Fällen aufgrund seiner Wechselwirkung mit der umgebenden Materie erkennbar (Abb. 2).

Wir haben vor einiger Zeit alle bekannten, ganz jungen Sterne (Alter ~10^5 Jahre), die diesen erwähnten Materieausstoß zeigen, im submm-Bereich untersucht und herausgefunden, daß 90% von ihnen tatsächlich von abgeplatteten Gebilden aus Gas und Staub umgeben sind; die Massen dieser Staubhüllen sind dabei etwa 1000 mal größer als die unseres eigenen Planetensystems. Ein etwas entwickelteres Stadium von sehr jungen Sternen stellen T Tauri Sterne (Alter

Abb. 3: Die Sternentstehungsregion M 16. Die ionisierende Strahlung der bereits entstandenen Sterne „fegt“ den diffusen Staub des Gebietes hinweg und erlaubt so einen Blick in die sonst verdunkelten Geburtsstätten. Zurück bleiben dichte, eierförmige Staubkondensationen, in denen sich möglicherweise schon weitere junge Sterne gebildet haben.

$\sim 10^7$ Jahre) dar. Bei ihnen handelt es sich meist um bereits sichtbare Sterne, die jedoch noch kein Wasserstoffbrennen gezündet haben und ihren Energiebedarf im wesentlichen aus dem Gravitationskollaps beziehen. Auch bei diesen Sternen haben wir erstmals festgestellt, daß etwa 40% von ihnen von großen Mengen Gas und Staub umgeben sind. Die Tatsache, daß dieser Staub im sichtbaren Licht keine Extinktion hervorruft, spricht eindeutig dafür, daß er nicht isotrop um den Stern verteilt sein kann, sondern vielmehr in einer sehr dünnen Scheibe konzentriert sein muß. Dies ist die einzige Konfiguration, die es erlaubt, große Massen von Staub so anzuordnen, daß der zentrale Stern aus fast jeder Blickrichtung sichtbar bleibt. Hier sind die beobachteten Scheiben-

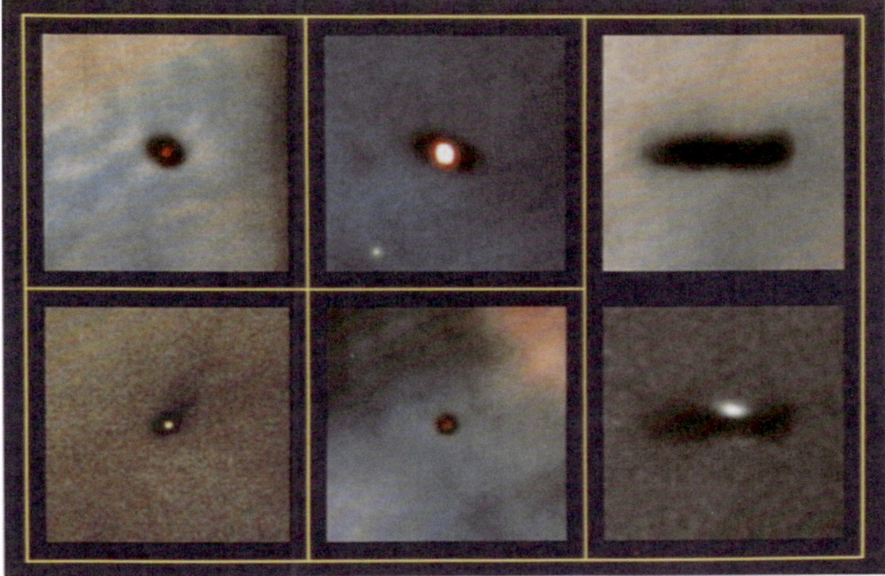

Abb. 4: Eine Sternentstehungsregion im Orionnebel. Auch hier hat die ionisierende Strahlung heißer Sterne das Gebiet weitgehend von Staub befreit. Dadurch wird der Blick frei auf gerade entstandene Sterne, die noch von dicken Staubhüllen bzw. Scheiben umgeben sind.

massen etwas geringer als bei den ganz jungen Ausflußquellen, liegen aber immer noch deutlich über denen unseres Planetensystems.

Aufgrund dieser Messungen läßt sich heute also sagen, daß zirkumstellare Scheiben ein häufiges Phänomen bei jungen Sternen sind. Sie bleiben quasi als Abfallprodukt bei der Sternentstehung zurück. Kürzlich ist es mit Hilfe des *Hubble Space Telescope* gelungen, in einigen Sternentstehungsgebieten junge „staubige" Objekte zu photographieren, die sich vor dem Hintergrund des ionisierten Gases deutlich als dunkle Gebilde abheben. Im Falle von M 16 handelt es sich wohl um Objekte, die noch im Gravitationskollaps begriffen sind (Abb. 3), während man es im Falle des Orionnebels mit ganz jungen Sternen zu tun hat, die bereits von abgeflachten Staubhüllen umgeben sind (Abb. 4).

Eine genaue Analyse zeigt, daß die submm-Beobachtungen nur durch Staubteilchen erklärt werden können, die deutlich größer sind als die des normalen interstellaren Staubes, aus dem sie sich einmal gebildet haben. Man nimmt daher an, daß in den sich verdichtenden Scheiben die miteinander wechselwirkenden Teilchen koagulieren und somit immer größere Gebilde formen. Nachdem somit die von der Theorie der Sternentstehung vorhergesagten zirkumstellaren Scheiben um junge Sterne durch die Beobachtung verifiziert wurden, stellt sich nun die Frage, ob diese Scheiben – aus bis zu einigen µm großen Partikeln – auch stabil genug sind, um dem beobachteten Größenwachstum der Staubteilchen genügend Zeit zur Bildung von Planeten zu lassen. Zur Beantwortung dieser Frage muß man alte, sonnenähnliche Sterne beobachten und nach zirkumstellarem Material suchen.

4.3 Sonnenähnliche Sterne

Mitte der achtziger Jahre gab es während des achtzehnmonatigen Fluges des Infrarotsatelliten *IRAS* eine große Überraschung. Etwa ein dutzend naher Sterne, ähnlich unserer Sonne, die teilweise sogar als Kalibrationsquellen verwendet werden sollten, waren im Infrarotbereich zwischen 10 und 100 µm deutlich heller, als man erwartet hatte. Dieser Infrarotexzeß ließ sich nur durch die Emission von Staubkörnern erklären, die Temperaturen von etwa 100 K haben und größer als 10 µm sein mußten. Bei einem dieser Sterne (β Pictoris) ist es nun kürzlich gelungen, das optische Streulicht sowie die Infrarotemission der Teilchen direkt zu photographieren (Abb. 5), indem man das alles überstrahlende Licht des Sterns durch eine Maske abgedeckt hat und dadurch der schwache Schimmer der Staubteilchen sichtbar wurde. Zweifellos ist auch bei diesem entwickelten Stern der Staub in einer zirkumstellaren Scheibe angeordnet, die man nahezu von der Seite sieht und deren Durchmesser etwa 10mal größer als der unseres Sonnensystems ist.

In Ergänzung und in Erweiterung dieser Beobachtungen untersuchen wir gegenwärtig bei diesem und anderen sonnenähnlichen Sternen mit Infrarotexzeß die Emission der Staubscheiben im submm-Bereich. Submm-Messungen haben im Gegensatz zu optischen Beobachtungen den Vorteil, daß das ansonsten störende Sternlicht nicht unterdrückt werden muß, da normale Sterne bei diesen Wellenlängen viel zu schwach sind, als daß man sie nachweisen könnte. Andererseits liegt aber auch der Nachweis der Emission zirkumstellaren Staubes an der Grenze derzeitiger Technologien. Darüber hinaus ist man auch noch weit davon entfernt, die räumliche Struktur des Staubes auflösen zu können, und muß sich daher mit einem einzigen Wert für die Gesamtemission zufrieden geben. Dennoch haben wir in Verbindung mit den

Abb. 5: Der sonnennahe A6V Stern β Pictoris am Südhimmel mit seiner Scheibe aus Staub, die wir nahezu von der Seite sehen. Das obere Bild ist eine Aufnahme bei 10 µm, die die *Emission* der Staubscheibe zeigt. Das untere Bild ist eine Aufnahme bei 0,9 µm, die das *Streulicht* der kleinen Staubteilchen zeigt. Innerhalb des markierten Kreises ist die Staubdichte, wie sie aus den 10 µm Daten folgt, durch eine Farbcodierung (rot = hohe Dichte, blau = geringe Dichte) dargestellt. Bei der unteren Aufnahme wurde während der Beobachtung der Stern mit einer Maske abgedeckt. ▷

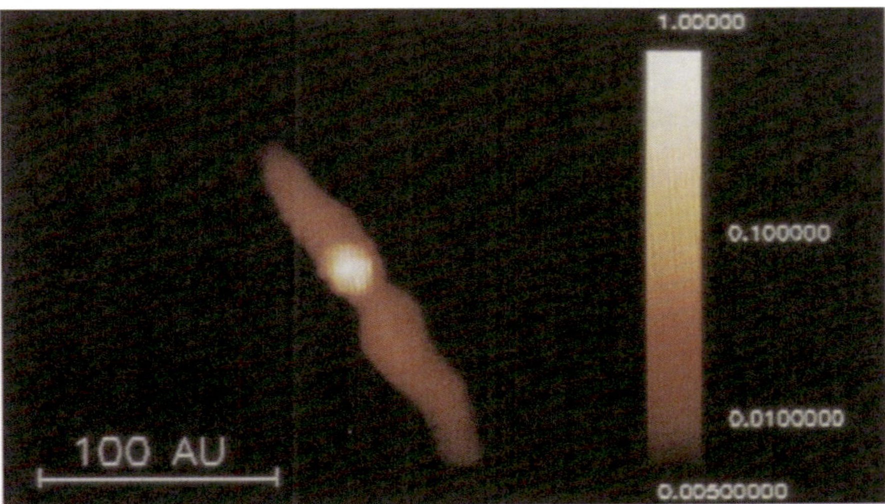
1.00000
0.100000
0.0100000
0.00500000
100 AU

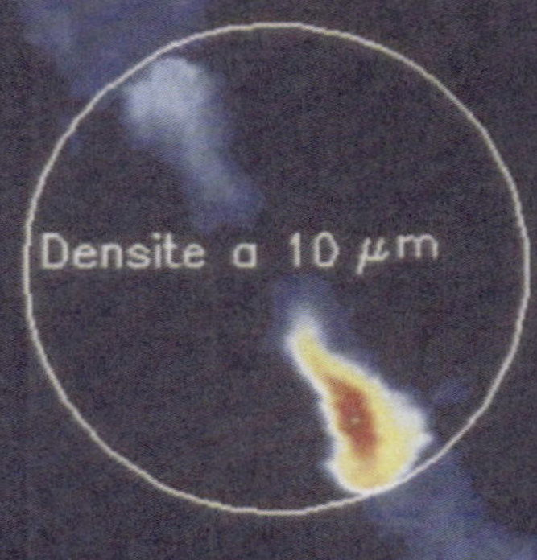
Disque de Smith et Terrile (1984)
superpose a la densite
deduite des observations
a 10 microns avec TIMMI.
Densite a 10 μm
100 UA

Satellitenmessungen Modellrechnungen durchgeführt, deren Ergebnisse über vier Sterne der näheren Sonnenumgebung folgende Schlüsse zulassen:

1. Die Emission des zirkumstellaren Staubes kommt aus einem Bereich, dessen Ausdehnung zwischen einigen 10 und einigen 100 AE ist. Damit sind diese Systeme gleich oder bis zu 10mal größer als unser eigenes Sonnensystem.
2. Die Temperatur des Staubes liegt zwischen 50 und 140 K.
3. Die Größenverteilung der Staubkörner erstreckt sich von 10 μm bis 4 mm, d. h. wir haben es mit Teilchen zu tun, deren Größen mit denen des interplanetaren Staubes unseres eigenen Planetensystems vergleichbar sind.

Somit hat sich unsere eingangs geäußerte Vermutung bestätigt, nach der sich der interplanetare Staub in anderen Systemen aufgrund seines größeren Wirkungsquerschnitts leichter beobachten lassen sollte als einzelne Planeten. Vergleicht man die Eigenschaften des zirkumstellaren Staubes mit dem Alter der zugehörigen Sterne, so lassen sich zwei Effekte feststellen: Während mit zunehmendem Alter ein Größenwachstum der Teilchen zu verzeichnen ist, beobachtet man parallel dazu eine Massenabnahme der Staubscheiben. Im Rahmen der Planetenentstehung stellt das Teilchenwachstum einen erwarteten, ja geradezu erwünschten Vorgang dar. Demgegenüber ist der beobachtete Massenverlust wahrscheinlich nur ein Beobachtungsartefakt, da Modellrechnungen zeigen, daß zirkumstellare Scheiben über den beobachteten Zeitraum hin stabil sein sollten. Der Massenverlust läßt sich jedoch als Folge des Teilchenwachstum verstehen und zwar in der Weise, daß Teilchen, die größer als einige mm sind, nicht mehr effektiv genug im submm-Bereich emittieren und damit ihre Strahlung nicht mehr nachweisbar ist. Zum Verständnis kann man sich die Staubkörner als kleine Antennen vorstellen, die dann am besten strahlen, wenn die ausgesandte Wellenlänge mit ihrer Größe übereinstimmt. Da die maximale Beobachtungswellenlänge aber bei 1,3 mm (fest)liegt, entgehen deutlich größere Teilchen – und damit die wesentlichen Masseträger – zunehmend der Beobachtung. Zum Nachweis noch größerer Teilchen hat es keinen Sinn, bei noch längeren Wellenlängen zu beobachten, da bei vorgegebener Temperatur der Staubteilchen die Emission mit λ^4 abnimmt und man daher auf Intensitätsprobleme stößt.

5. Die Suche nach einzelnen Planeten

Nachdem somit eine wesentliche Voraussetzung für die Bildung von extrasolaren Planeten als gegeben angesehen werden kann, nämlich das Vorhandensein ausreichenden Materials in Form von zirkumstellaren Scheiben, ist es legitim, nach der Existenz einzelner Planeten zu fragen und Experimente zu ersinnen, diese nachzuweisen. Grundsätzlich unterscheidet man bei der Suche *direkte* und *indirekte* Methoden.

5.1 Direkte Entdeckung

Bei der direkten Entdeckung versucht man, die Strahlung von Planeten *direkt* nachzuweisen. Diese Methode stößt auf verschiedene technische Probleme, die mit der räumlichen Auflösung anfangen und beim dynamischen Bereich der Meßapparatur aufhören. Man muß sich nur vorstellen, daß z. B. jedem Photon von Jupiter 10^8 bis 10^9 Photonen der Sonne gegenüberstehen. Dieser Kontrast erfordert eine effektive Unterdrückung des Sternlichts, für die es bislang noch keine praktikable Lösung gibt. Es hat daher den Anschein, daß diese Methode weniger der Entdeckung als vielmehr einmal der Untersuchung von bereits entdeckten Planeten dienen könnte. Jedenfalls ist man hier noch Jahrzehnte von einer möglichen Realisierung entfernt.

5.2 Indirekte Entdeckung

Bei der indirekten Entdeckung untersucht man die Auswirkungen der Planeten auf das Zentralgestirn, das sie umkreisen. Diese Methode, die die größeren Aussichten auf Erfolg verspricht, beruht auf der Tatsache, daß sich Stern und Planeten um einen gemeinsamen Schwerpunkt bewegen, was zu einer leichten Schlingerbewegung des Zentralgestirns führt. Im Falle unserer Sonne betrug deren maximale Amplitude in den letzten fünfzig Jahren ungefähr 10^{-3} Bogensekunden, beobachtet aus einer Entfernung von 10 pc. Eine solche Bewegung müßte sich bei anderen Sternen, falls sie denn Planeten haben, auf drei verschiedene Arten beobachten lassen.

5.2.1 Astrometrisch

Einmal kann man versuchen, durch wiederholte genaue Positionsmessungen eine Bewegung des Zentralgestirns nachzuweisen. Das ist schwierig und nur bei den allernächsten Sternen anwendbar. Würde man unser Sonnensystem aus einer Entfernung von 10 pc beobachten, so würde sich der Einfluß Jupiters als eine 0,5 Millibogensekunden große Schwankung der Sonnenposition mit einer Periode von 11,9 Jahren bemerkbar machen. Wäre allerdings Uranus der größte Planet im Sonnensystem, so hätte sein Einfluß eine Störung von nur

84 Mikrobogensekunden zur Folge mit einer Periode von 84 Jahren. Wäre schließlich die Erde der einzige Planet unserer Sonne, so hätte die Sonnenbewegung eine Amplitude von nur 0,3 Mikrobogensekunden mit einer Periode von 1 Jahr. Bisher gibt es bei dieser Methode noch keine Erfolge.

5.2.2 Spektroskopisch

Entlang der Sichtlinie produziert die durch Störeinflüsse von Planeten verursachte Bewegung eines Sterns Änderungen in seiner Radialgeschwindigkeit aufgrund des Dopplereffektes. Das bedeutet, die Spektrallinien des Sterns verändern ihre Frequenz mit der Periode eines umlaufenden Planeten. Im Gegensatz zur astrometrischen Methode ist diese Messung vom Prinzip her unabhängig von der Entfernung, erfordert aber natürlich ausreichend Photonen, um Spektrallinien nachweisen zu können. Zur Veranschaulichung sei unser Sonnensystem bzw. die Ekliptik von der Seite betrachtet. Der Einfluß von Jupiter verursacht dann eine Geschwindigkeitsänderung der Sonne von 13 m/s mit einer Periode von 11,9 Jahren, die mit der heutigen Meßgenauigkeit schon nachweisbar wäre. Der Einfluß von Uranus und Erde beträgt nur 0,3 bzw. 0,09 m/s mit den bekannten Perioden. Als störend erweist sich bei dieser Methode, daß insbesondere Riesensterne intrinsische Geschwindigkeitsvariationen von mehreren 100 bis zu einigen 1000 m/s aufweisen, die eine Folge von stellaren Oszillationen und atmosphärischen Schwankungen sind. Aber auch bei kühlen Zwergsternen glaubt man interne Geschwindigkeitsänderungen von einigen m/s gefunden zu haben. Das bedeutet aber, daß die Interpretation von niederfrequenten Spektrallinienverschiebungen eine sorgfältige, langjährige Analyse erfordert, um nicht fälschlicherweise intrinsische Oszillationen des Sterns mit dem Einfluß von Planeten zu verwechseln.

5.2.3 Photometrisch

Der Vollständigkeit halber soll auch noch die photometrische Methode erwähnt werden. Kreuzt ein Planet genau die Sichtlinie zwischen Stern und Beobachter, was statistisch gesehen ein höchst unwahrscheinliches Ereignis ist, so reduziert er damit für die Zeit des Transits die Helligkeit des Sterns. Obwohl die heute erreichbare photometrische Genauigkeit ausreichen könnte, sehr große Planeten auf diese Weise zu entdecken, kommt der Methode jedoch keine praktische Bedeutung zu, da man eine große Anzahl von Sternen gleichzeitig beobachten müßte, um zufällig Zeuge eines solchen Durchgangs zu werden.

5.3 Erste Erfolge

Tatsächlich sind nun in den letzten Monaten mit Hilfe der spektroskopischen Methode offenbar die ersten Nachweise von Planeten um sonnenähnliche Sterne gelungen. Die erste Entdeckung kommt vom Stern 51 Pegasus, dessen Spektrallinien eine Dopplerverschiebung mit einer Periode von 4,2 Tagen zeigen. Die Größe der Verschiebung läßt sich am besten dadurch erklären, daß ein Planet, etwa halb so schwer wie Jupiter, in einem Abstand von einem Zwanzigstel des Abstands Erde – Sonne (0,05 AE) den Stern umkreist. Dieser ersten Entdeckung folgten (nach diesem Vortrag) weitere: Im Januar 1996 fand man auf die gleiche Weise zwei Planeten von 6,5 und 2,3 Jupitermassen, die die Sterne 70 Virginis und 47 Ursa Majoris in 0,5 bzw. 2,1 AE umkreisen. Im April 1996 entdeckte man einen Planeten von 0,8 Jupitermassen bei dem Stern ρ Cancri und einige Wochen später einen drei Jupitermassen schweren Planeten um τ Bootis. Sogar bei dem in Abb. 5 gezeigten Stern β Pictoris glaubt man, inzwischen einen Planeten gefunden zu haben; diese Messungen lassen bisher allerdings nur eine grobe Abschätzung seiner Eigenschaften zu. Es handelt sich dabei um ein Objekt zwischen 0,05 und 20 Jupitermassen, das den Stern in 1 bis 20 AE umkreist. Die letzte Entdeckung machte man bei dem Stern Lalande 21185, der einen Planeten von 0,9 Jupitermassen im Abstand von 2,5 AE besitzt. Damit kennt man derzeit (August 1996) sieben extrasolare Planeten um sieben Sterne in der Sonnenumgebung.

6. Zusammenfassung

Zum Abschluß sollen noch einmal die wesentlichen Ergebnisse zusammengefaßt werden:

1. Zirkumstellare Scheiben mit ausreichendem Material zur Planetenbildung entstehen quasi als Nebenprodukt bei der Sternentstehung.
2. Mit zunehmendem Scheibenalter beobachtet man ein Anwachsen der Staubteilchen infolge von Koagulation, während die Massen der Scheiben scheinbar abnehmen. Beide Befunde lassen sich am besten durch eine Verschiebung der Größenverteilung hin zu größeren Körpern erklären.
3. Der direkte Nachweis einzelner Planeten ist derzeit und wohl noch auf lange Sicht hinaus unmöglich.
4. Die indirekte spektroskopische Methode hat zu ersten Erfolgen geführt: Inzwischen kennt man sieben Sterne, deren periodische Spektrallinienverschiebung am besten durch jeweils einen Planeten erklärt werden können. Diese Planeten haben etwa 0,5 bis 7 Jupitermassen.

Demnach ist die Bildung von Planeten aus dem bei der Sternentstehung zurückbleibenden Restmaterial eher ein allgemeines Phänomen als die Ausnahme im Universum. Während frühere kosmologische Erkenntnisse erst unsere Erde und später unsere Sonne lediglich ihrer (räumlichen) Zentralstellung beraubten, rüttelt dieses Ergebnis nun auch an der Einzigartigkeit unseres Planetensystems. Nach heutiger Kenntnis erscheint jedoch der Schritt zur Bildung extrasolarer Planeten klein im Verhältnis zur Entstehung extra-terrestrischen Lebens.

Diskussion

Herr Schaffner: Wenn das stimmt, was Sie im letzten Satz gesagt haben, dann müßte es doch eine enorme Anzahl von Planeten geben.

Herr Chini: Ja, dieser Meinung bin ich. Unsere Messungen zeigen, daß etwa die Hälfte aller jungen Sterne von zirkumstellaren Scheiben umgeben ist. Über die Stabilität dieser Scheiben weiß man sicher noch nicht genügend, doch gibt es zunehmend Hinweise auf protoplanetare Scheiben auch um alte, sonnenähnliche Sterne. Zusammen mit dem Indiz, daß die Staubteilchen durch Koagulation mit zunehmendem Scheibenalter anwachsen, scheint die Bildung von Planeten unausweichlich.

Herr Schreyer: Ich habe eine Verständnisfrage. Als Thema haben Sie uns die Planetenentstehung angegeben, und davon handelt ja auch der SPIEGEL-Artikel. Aber dann haben Sie Bilder des Hubble-Teleskops gezeigt, und darunter stand, wie Sie auch sagten: Die Entstehung von Sternen. Setzen Sie die Sternenentstehung und die Planetenentstehung gleich?

Herr Chini: In der Tat scheinen, nach allem, was man heute weiß, Sternentstehung und Planetenentstehung unmittelbar miteinander einherzugehen. Was ich mit diesem Bild allerdings verdeutlichen wollte, ist das Folgende: Die Aufnahme zeigt erstmals, daß die wohl ursprünglich sphärisch-symmetrische protostellare Wolke infolge ihrer Rotation abflacht. Es bedarf nur wenig Phantasie, sich vorzustellen, daß, nachdem im Innern dieser eierförmigen Gebilde ein Stern entstanden ist, mit zunehmendem Alter die verbleibende Staubhülle immer mehr zu einer Scheibe abplattet.

Das Konzept der Scheibe war bisher mehr eine theoretische Vorhersage. Die räumliche Auflösung unserer eigenen Messungen ist etwa um einen Faktor 1000 zu schlecht, um solche Staubscheiben in den nächsten Sternentstehungsgebieten auflösen zu können. Es waren Modelle und indirekte Argumente, die uns veranlaßten, unsere Messungen mit Hilfe von Staubscheiben zu erklären. Das Bild demonstriert eindrucksvoll die Richtigkeit des Konzepts, indem es ein Übergangsstadium zwischen sphärisch symmetrischer Wolke und flacher Scheibe zeigt.

Herr Priester: Der Merkur zum Beispiel hat eine Oberflächentemperatur von etwa 1100 Grad. Können Sie in den Messungen – der Zentralstern heizt ja den Staub in der Umgebung auf – sehen, wie die Temperatur nach außen hin abnimmt? Und von wann ab wird diese Staubscheibe optisch so dick, daß der Zentralstern nichts mehr wesentlich aufheizen kann?

Herr Chini: Wie bereits erwähnt, fehlt es bisher an der räumlichen Auflösung, detaillierte Strukturen beobachten zu können. Alle Information, die wir über Temperatur- und Dichteverlauf in diesen Scheiben haben, stammt aus Modellrechnungen, die die beobachtete spektrale Energieverteilung erklären müssen. Hier lassen unbekannte Geometrie und Staubeigenschaften einen weiten Spielraum. Dennoch scheint sich aber folgendes abzuzeichnen: In den Frühphasen der Scheibenentwicklung, also bei den anregenden Sternen von Herbig-Haro Objekten und bei jungen T Tauri Sternen, scheinen die Scheiben selbst im submm-Bereich noch manchmal optisch dick zu sein. In den Spätphasen, also nach $\sim 10^8$ Jahren, sind die Scheiben stabil, ihre Turbulenz läßt nach, und die Staubteilchen setzen sich innerhalb von 10^3 bis 10^4 Jahren in der Äquatorebene des Systems ab. Dies ist genau der Zeitraum, in dem ein verstärktes Teilchenwachstum erfolgt und die Scheibe optisch dünn wird. Bei Hauptreihensternen schließlich sind die Scheiben für alle Wellenlängen optisch dünn; das beste Beispiel hierfür ist der Stern Wega, der Jahrzehnte lang als Standard in der optischen Astronomie gedient hat, bevor *IRAS* im fernen Infrarotbereich seinen zirkumstellaren Staub entdeckt hat. Alle Beobachtungen von Objekten mit zirkumstellaren Scheiben erfordern eine radiale Temperaturabnahme nach außen; bei jungen, optisch dicken Scheiben ist diese Abnahme sehr steil, mit Temperaturen von ~ 1800 K (Schmelzpunkt des Staubes) am Innenrand und ~ 20 K am Außenrand, während die Scheiben um Hauptreihensterne nur noch geringe Temparaturdifferenzen zwischen ~ 100 K und 20 K aufweisen.

Herr Priester: Was mir noch auffiel, ist, daß Sie eine S-förmige Struktur in der Wolke bei Beta Pictoris haben. Wir wissen ja bei unserem Planetensystem, daß die Planeten-Bahnen nicht alle exakt in einer Ebene sind. Die Pluto-Bahn zum Beispiel ist um etwa 17 Grad geneigt. Was wir hier im Planetensystem finden, könnte natürlich etwas mit den Wölbungen zu tun haben, die dann entstehen, wenn das Ganze rotiert.

Herr Chini: Diese Aufnahme ist noch brandneu; ich habe sie gerade aus Frankreich erhalten, und es existiert noch keine entsprechende Publikation. Insofern möchte ich mich, was die Interpretation der Asymmetrien anbelangt, zurückhalten. Wichtig ist, daß die Aufnahme ein eindrucksvolles Dokument für eine zirkumstellare Scheibe um einen sonnenähnlichen Stern darstellt.

Herr Sandhoff: Wenn es so viele Planeten gibt, wie Sie gefunden haben, wie hoch schätzen Sie dann die Wahrscheinlichkeit ein, daß es Planeten mit lebensgünstigen Bedingungen geben könnte? Hat man das einmal kalkuliert?

Herr Chini: Da unser Planetensystem z. Z. das einzige Beispiel ist, das wir mit all seinen Bestandteilen kennen, ist es schwer abzuschätzen, wie typisch es im Hinblick auf Anzahl, Massen und Bahnradien von Planeten ist. Es gibt N-Körper Computersimulationen bzgl. der Entwicklung eines solchen Systems; danach ist die Konfiguration unseres Sonnensystems durchaus nichts Ungewöhnliches.

Was nun die Bedingungen von Leben angeht, so muß man auch hier zunächst die Frage stellen, wie typisch unser Leben auf der Erde ist und ob nicht noch andere Formen von Leben denkbar wären. Generell scheinen die Bedingungen für Leben aber tatsächlich sehr eng zu sein, was man schon der Tatsache entnehmen kann, daß schon auf unseren Nachbarplaneten Venus und Mars die Temperaturen entweder zu hoch oder zu niedrig sind für irgendeine Form von Existenz. Ja selbst auf unserer Erde gibt es Regionen, die, allein bzgl. der Temperatur, extrem lebensfeindlich sind. Bedenkt man allerdings die Vielzahl der Sterne innerhalb unserer Galaxie und skaliert dies mit der Vielzahl der Galaxien im Universum, so ist die Wahrscheinlichkeit groß, diese günstige Kombination von moderater Oberflächentemperatur eines Sterns und dazu passendem Orbit eines Planeten mehr als einmal anzutreffen.

Herr Schmidt-Kaler: Ich möchte doch etwas Wasser in diesen Wein gießen. Über 90 Prozent der Sterne sind Doppel- und Mehrfachsterne. Was Sie beobachten, sind Staubscheiben um junge Sterne. Davon mögen sehr viele existieren, aber sie mögen auch ganz rasch zerstört werden, bevor es zur Planetenentstehung kommt.

Da habe ich zunächst folgende Frage: Ist das Drehimpulstransportproblem, auf das Herr Priester schon verwiesen hat, inzwischen so weit gelöst, daß man versteht, wie dieser Drehimpuls so unglaublich unsymmetrisch verteilt sein kann, daß die Sonne 99,9 Prozent der Masse hat, aber noch nicht einmal 1 Prozent des Drehimpulses, und die Planeten umgekehrt? Das scheint doch bei der Entstehung der Planeten sehr wichtig zu sein.

Das zweite Problem hängt damit zusammen, nämlich die Frage der Zeitskala dieser Planetenentstehung. Wenn man den Jupiter entstehen lassen kann, dann bekommt man eine Zeitskala. Diese Zeitskala ist aber dann viel zu lang, wenn man beispielsweise Neptun oder Pluto damit entstehen lassen will. Das funktioniert also noch nicht gut.

Dann noch ein letzter Punkt. Sie beobachten ja nur Staubscheiben. Sie sagten aber, daß große Mengen von Gas und Staub da sind. Ganz hundertprozentig wissen Sie es nicht, daß tatsächlich Wasserstoff-Gas da ist; Sie vermuten es, und zwar in dem üblichen Verhältnis 1:100 wie im interstellaren Raum.

Das könnte sich aber bei diesen Prozessen ganz enorm ändern und würde für die Planetenentstehung große Konsequenzen haben. Wenn es zum Beispiel weniger Kohlenwasserstoffe gibt, dann klebt dieser Staub nicht richtig, dann wird die Scheibe nicht so schön koagulieren, wie wir es haben wollen, und dann geht die ganze Planetenentstehung daneben.

Herr Chini: Es ist richtig, daß die Detektionsrate von zirkumstellaren Scheiben um Doppelsterne extrem gering ist und alles dafür spricht, daß Planetenbildung in solchen Systemen eher schwierig ist.

Auf das Drehimpulsproblem weiß ich (man?) keine Antwort. Die Beobachtung von bipolaren Molekülausflüssen deutet darauf hin, daß in der Kollapsphase große Mengen von Materie und damit von Drehimpuls senkrecht zur Scheibenebene aus dem Zentrum des Systems wegtransportiert werden. Inwieweit dieser Mechanismus einmal zum Verständnis des von Ihnen angesprochenen Problems beiträgt, kann ich nicht sagen ... Die Theoretiker halten weitere Mechanismen zur Erklärung des Phänomens bereit, angefangen von turbulenter Viskosität bis hin zu Magnetfeldern. Allerdings muß auch an dieser Stelle einschränkend bemerkt werden, daß es ein Drehimpulsproblem bisher nur in unserem Planetensystem gibt; ob es sich dabei um ein allgemeines Phänomen handelt, müssen zukünftige Beobachtungen noch ergeben.

Zu Ihrem letzten Punkt ist folgendes zu sagen: Es ist richtig, daß zirkumstellare Scheiben zuerst durch ihre Staubemission entdeckt wurden. Inzwischen hat man jedoch bei einigen T Tauri Sternen bereits CO nachgewiesen, und es hat den Anschein, als ob sich die kosmischen Häufigkeiten zumindest in den Frühphasen der zirkumstellaren Scheiben wiederfinden. Ein sehr viel weiterführendes Problem ist das der Koagulationswahrscheinlichkeit von Staubteilchen. Laborexperimente haben gezeigt, daß sich innerhalb eines weiten Bereichs von Bedingungen Teilchen im Mikrometerbereich zu größeren Aggregaten zusammenlagern. Dabei dominieren van der Waals Kräfte, die relativ unabhängig von der chemischen Zusammensetzung der Teilchen bzw. ihrer Oberflächen sind; elektrostatische Kräfte mögen auch eine Rolle spielen. Jedenfalls ist es möglich, auf diese Weise Teilchen von einigen Zentimetern Radius zu bilden. Das Verständnis des Wachstums größerer Körper stellt noch ein gewisses Problem dar. Die relativen Geschwindigkeiten der Teilchen innerhalb einer Scheibe wachsen sowohl mit der Teilchengröße als auch mit dem Größenunterschied an. Es kommt daher zu Kollisionen, die in Abhängigkeit der Kollisionsenergie zu Massengewinn oder Massenverlust führen können.

Das bringt uns auf Ihre Frage nach der Zeitskala. Modellrechnungen zur Planetenentwicklung beginnen im allgemeinen mit Körpern, die wenigstens schon eine Größen von ~1 km haben (sog. Planetesimale) und somit nur noch durch die Gravitation beeinflußt werden; die Wechselwirkung kleinerer Körper unterliegt, wie bereits erwähnt, anderen Gesetzen und die Zeitspanne ihrer Koagulation ist vernachlässigbar. Wenn sich nun einmal ein Körper gebildet hat, der deutlich größer ist als die Körper seiner Umgebung, kann er in wenigen 10 000 Jahren die gesamte Umgebung seines Orbits „leersaugen" und zu einem Planeten anwachsen.

Herr Schmidt-Kaler: Und das ist außen zu langsam. Dann müßten solche Körper wie Neptun noch im Entstehen sein.

Herr Chini: Die Entwicklung der Größenverteilung von Planetesimalen kann zwei qualitativ unterschiedliche Wege einschlagen, die sich erheblich in ihren Zeitskalen unterscheiden. Der langsamere Entwicklungsweg weist ein geordnetes Anwachsen der gesamten Größenverteilung aller Planetesimale auf. Bei dem anderen Szenario spricht man von *„runaway accretion"*, was bedeutet, daß der lokal größte Körper sehr viel schneller anwächst als die restlichen Planetesimale seiner Umgebung. Die Zeit, in der ein solcher Prozeß abläuft, hängt wesentlich von der Relativgeschwindigkeit der Planetesimal ab. Typische Zeitspannen, in denen sich die Masse eines Protoplaneten von z. B. $\sim 6 \cdot 10^{20}$ g (1/10 000 Erdmasse) auf etwa 10^{26} g (Neptun) erhöht, betragen wenige 10 000 Jahre. Diese Rechnungen gelten für erdartige Planeten und für die Kerne der Gasplaneten. Sobald sich ein Kern von etwa 10 Erdmassen gebildet hat, setzt auch eine rasche Akkretion von Gas auf diesen Planeten ein.

Herr Schreyer: Ich darf noch einmal auf die Dualität Planetenentstehung und Sternentstehung eingehen. Sie beweisen damit ja auch wunderbar, und das wissen die Meteoritenforscher – ich bin Mineraloge und habe daher eine gewisse Beziehung zur Meteoritenkunde –, daß sich die Planeten im kalten Zustand bilden, sich aus dem kosmischen Staub agglomerieren. Das ist das, was Sie als Kondensieren bezeichnen.

Herr Chini: Ja, Planeten bilden sich aus kalten Bestandteilen, wobei je nach Größe der Teilchen unterschiedliche physikalische Mechanismen zur Bindung beitragen.

Herr Schreyer: Kondensation ist vielleicht nicht das richtige Wort dafür. Denn der Aggregatszustand ändert sich ja nicht. Es ist eine Agglomeration im festen, kalten Zustand.

Herr Chini: Das ist richtig. Die Astronomen bezeichnen Materieansammlungen im interstellaren Medium, d. h. Gebiete mit deutlich höherer Dichte als ihre Umgebung, oftmals als „Kondensationen", ohne sich Gedanken über den gleichnamigen physikalischen Prozeß zu machen. Das Wachstum kleiner Staubteilchen heißt allerdings Koagulation.

Herr Schreyer: Was Sie gezeigt haben, ist ja wohl ein Bild eines Chondriten mit den kleinen Kügelchen, also einem Meteoriten, der aus kleinen Kügelchen besteht. Diese wären die ursprünglichen Kondensationsprodukte eines heißeren Nebels, die dann beim Abkühlen über einen Glaszustand gehen, dann kristallisieren und im kalten Zustand agglomeriert werden. Dann kommen die 10^5 Jahre, in denen sich Planeten bilden.

Aber Sie haben vorhin auch gesagt, daß die Planetenentstehung und die Sternentstehung doch ziemlich nahe beieinander liegen. Würde das bedeuten, daß auch der Stern aus dem kalten Zustand hervorgeht?

Herr Chini: Was die Temperatur des interstellaren Staubes angeht, so ist es durchaus so, daß der überwiegende Teil einer protoplanetraren Scheibe kalt ist, d. h. Temperaturen von etwa 20 K hat. Nur an den Innenrändern der Scheiben treten je nach Entwicklungszustand der Scheibe auch höhere Temperaturen auf, bei denen der Staub schmelzen kann.

Die Bildung eines Sterns vollzieht sich am Anfang bei extrem tiefen Temperaturen. Diese sind mit etwa 10 K sogar noch tiefer als die der umgebenden Dunkelwolke (~20 K), in der sich der Vorgang abspielt, da der Staub der Dunkelwolke das protostellare Objekt vor dem interstellaren Strahlungsfeld abschirmt. Bei der Kontrakion des protostellaren Objektes kann die freiwerdende Gravitationsenergie zunächst ungehindert abgestrahlt werden, da das Objekt noch optisch dünn ist ($\tau \ll 1$). Erst wenn die Dichten in einem solchen Objekt einen kritischen Wert überschreiten, absorbiert der Staub effektiv genug und das Objekt erwärmt sich – zumindest in seinem Inneren – schlagartig auf mehrere 100 K. Der Großteil der Masse eines solchen Protosterns hat aber immer noch Temperaturen von ~20 K; diese kalten Objekte finden wir mit Hilfe der submm Astronomie tatsächlich. Der Protostern akkretiert weiterhin Materie aus seiner Umgebung, während die Temperatur in seinem Inneren weiter ansteigt. Dieser Vorgang dauert etwa 10^5 Jahre. Man gelangt schließlich an einen Punkt, wo die Oberflächentemperatur des Protosterns so hoch ist, daß der auffallende Staub schmilzt und außerdem der Strahlungsdruck ein weiteres Auffallen von Materie verhindert. Dennoch reichen die Temperaturen im Innern noch immer nicht aus, eine Kernfusion in Gang zu setzen.

Herr Biermann: Es ist durchaus richtig, daß der Fortschritt in unserem Verständnis der Planetenentstehung von der Mikrophysik kommt, wie zum Beispiel die kleinen Kondensationsteile zusammenkleben, wie die Strahlung transportiert wird. Je mehr wir darüber lernen, desto mehr gewinnen wir an Verständnis. Daran arbeiten eine Menge Leute. Wir haben das noch nicht verstanden.

Bei dem Drehimpulsproblem ist es bekannt, daß die Sterne, die die Planeten in ihrer Umgebung bilden, leider einen Wind haben, der am Anfang sozusagen den Jet produziert, von dem Herr Chini gesprochen hat. Aber wir wissen bis heute nicht, wie der Antrieb unseres eigenen Sonnenwindes geht.

Das bedeutet: Wenn wir nicht einmal zu Hause begreifen, wie der Drehimpuls transportiert wird, warum das passiert, dann können wir natürlich nicht erwarten, daß wir das woanders verstehen. Das ist für mich sozusagen eine gute Mahnung. Wir haben vor unserer Haustür ein ganz simples Phänomen, nämlich einen permanenten Wind von der Sonne, aber wir wissen nicht, was den Wind eigentlich antreibt. Es gibt eine Menge Ideen dazu, aber die haben wir schon lange.

Veröffentlichungen
der Nordrhein-Westfälischen Akademie der Wissenschaften

Neuerscheinungen 1990 bis 1997

Vorträge N *Heft Nr.*		NATUR-, INGENIEUR- UND WIRTSCHAFTSWISSENSCHAFTEN
382	*Sebastian A. Gerlach, Kiel*	Flußeinträge und Konzentrationen von Phosphor und Stickstoff und das Phytoplankton der Deutschen Bucht
	Karsten Reise, Sylt	Historische Veränderungen in der Ökologie des Wattenmeeres
383	*Lothar Jaenicke, Köln*	Differenzierung und Musterbildung bei einfachen Organismen
	Gerhard W. Roeb, Fritz Führ, Jülich	Kurzlebige Isotope in der Pflanzenphysiologie am Beispiel des ^{11}C-Radiokohlenstoffs
384	*Sigrid Peyerimhoff, Bonn*	Theoretische Untersuchung kleiner Moleküle in angeregten Elektronenzuständen
	Siegfried Matern, Aachen	Konkremente im menschlichen Organismus: Aspekte zur Bildung und Therapie
385	*Parlamentarisches Kolloquium*	Wissenschaft und Politik – Molekulargenetik und Gentechnik in Grundlagenforschung, Medizin und Industrie
386	*Bernd Höfflinger, Stuttgart*	Neuere Entwicklungen der Silizium-Mikroelektronik
387	*János Kertész, Köln*	Tröpfchenmodelle des Flüssig-Gas-Übergangs und ihre Computer-Simulation
388	*Erhard Hornbogen, Bochum*	Legierungen mit Formgedächtnis
389	*Otto D. Creutzfeld; Göttingen*	Die wissenschaftliche Erforschung des Gehirns: Das Ganze und seine Teile
390	*Friedhelm Stangenberg, Bochum*	Qualitätssicherung und Dauerhaftigkeit von Stahlbetonbauwerken
391	*Helmut Domke, Aachen*	Aktive Tragwerke
392	*Sir John Eccles, Contra*	Neurobiology of Cognitive Learning
393	*Klaus Kirchgässner, Stuttgart*	Struktur nichtlinearer Wellen – ein Modell für den Übergang zum Chaos
394	*Hermann Josef Roth, Tübingen*	Das Phänomen der Symmetrie in Natur- und Arzneistoffen
	Rudolf K. Thauer, Marburg	Warum Methan in der Atmosphäre ansteigt. Die Rolle von Archaebakterien
395	*Guy Ourisson, Straßburg*	Die Hopanoide
	Werner Schreyer, Bochum	Ultra-Hochdruckmetamorphose von Gesteinen als Resultat von tiefer Versenkung kontinentaler Erdkruste
396	*Gottfried Bombach, Basel*	Zyklen im Ablauf des Wirtschaftsprozesses – Mythos und Realität
	Knut Bleicher, St Gallen	Unternehmungsverfassung und Spitzenorganisation in internationaler Sicht
397	*Jean-Michel Grandmont, Paris*	Expectations Driven Nonlinear Business Cycles
	Martin Weber, Kiel	Ambiguitätseffekte in experimentellen Märkten
398	*Alfred Pühler, Bielefeld*	Bakterien-Pflanzen-Interaktion: Analyse des Signalaustausches zwischen den Symbiosepartnern bei der Ausbildung von Luzerneknöllchen
399	*Horst Kleinkauf, Berlin*	Enzymatische Synthese biologisch aktiver Antibiotikapeptide und immunologisch suppressiver Cyclosporinderivate
	Helmut Sies, Düsseldorf	Reaktive Sauerstoffspezies: Prooxidantien und Antioxidantien in Biologie und Medizin
400	*Herbert Gleiter, Saarbrücken*	Nanostrukturierte Materialien
	Hans Lüth, Jülich	Halbleiterheterostrukturen: Große Möglichkeiten für die Mikroelektronik und die Grundlagenforschung
401	*Gerhard Heimann, Aachen*	Medikamentöse Therapie im Kindesalter
	Egon Macher, Münster/Westf.	Die Haut als immunologisch aktives Organ
402	*Konstantin-Alexander Hossmann, Köln*	Mechanismen der ischämischen Hirnschädigung
	Herrmann M. Bolt, Dortmund	Zur Voraussagbarkeit toxikologischer Wirkungen: Kanzerogenität von Alkenen
403	*Volker Weidemann, Kiel*	Endstadien der Sternentwicklung
	Alfred Müller, Erlangen	Quantenmechanische Rotationsanregungen in Kristallen

404	*Matthias Kreck, Mainz*	Positive Krümmung und Topologie
405	*Benno Parthier, Halle*	Problemfelder der zusammengefügten deutschen Wissenschaftslandschaft
	Erhard Hornbogen, Bochum	Kreislauf der Werkstoffe
406	*Hubert Markl, Konstanz, Berlin*	Wissenschaftliche Eliten und wissenschaftliche Verantwortung in der industriellen Massengesellschaft
407	*Joachim Trümper, Garching*	Was der Röntgensatellit ROSAT entdeckte
	Dietrich Neumann, Köln	Ökologische Probleme im Rheinstrom
408	*Wilfried Werner, Bonn*	Recycling biogener Siedlungsabfälle in der Landwirtschaft
409	*Holger W. Jannasch, Woods Hole MA*	Neuartige Lebensformen an den Thermalquellen der Tiefsee
410	*Hartmut Zabel, Bochum*	Epitaxielle Schichten: Neue Strukturen und Phasenübergänge
	Eckart Kneller, Bochum	Der Austauschfeder-Magnet: Ein neues Materialprinzip für Permanentmagnete
411	*Brigitte M. Jockusch, Braunschweig*	Architekturelemente tierischer Zellen
412	*Alfred Fettweis, Bochum*	Numerische Integration partieller Differentialgleichungen mit Hilfe diskreter passiver dynamischer Systeme
413	*Ernst, Bayer, Tübingen*	Theorie und Praxis der Niedertemperaturkonvertierung zur Rezyklisierung von Abfällen
	Hansjörg Sinn, Hamburg	Wertstoff- und Energie-Rückgewinnung aus hochkalorigen Abfallstoffen wie Altreifen und Kunststoff-Schrott
414	*Wolfgang Priester, Bonn*	Über den Ursprung des Universums: Das Problem der Singularität
415	*Wilhelm Stoffel, Köln*	Serendipity: Eine neue Glutamat-Neurotransmitter-Transporter-Familie und ihre pathogenetische Bedeutung
416	*Dieter Richter, Jülich*	Viskoelastizität und mikroskopische Bewegung in dichten Polymersystemen
417	*Hans Mohr, Freiburg*	Waldschäden in Mitteleuropa – was steckt dahinter?
418	*Matthias Mertmann, Bochum*	Greifmechanismus aus neuen Verbundwerkstoffen mit Zweiweg-Formgedächtnis
	Wolfgang Gärtner, Mülheim a. d. Ruhr	Die Funktion biologischer photosensorischer Pigmente
419	*Fritz Vögtle, Bonn*	Neue Catenane und Rotaxane in der Supramolekularen Chemie
	Andreas Stork, Jülich	Windkanalanlage zur Bestimmung der gasförmigen Verluste von Umweltchemikalien aus dem System Boden/Pflanze unter feldnahen Bedingungen
	Heinrich Ostendarp, Aachen	Entwicklung neuer Bildaufzeichnungs- und Auswertungstechniken für die holografische Interferometrie
420	*Martin Jansen, Bonn*	Wege zu Festkörpern jenseits der thermodynamischen Stabilität
421	*Hans-Werner Sinn, München*	Volkswirtschaftliche Probleme der Deutschen Vereinigung
422	*Konrad Sandhoff, Bonn*	Glykolipide der Zelloberfläche und die Pathobiochemie der Zelle
423	*Hanns Weiss, Düsseldorf*	Die mitochondrialen Atmungsketten-Komplexe: Funktion und Fehlfunktion bei neurodegenerativen Erkrankungen
424	*Klaus Hahlbrock, Köln*	Krankheitsresistenz bei Pflanzen. Von der Grundlagenforschung zu modernen Züchtungsmethoden
425	*Wolfgang Krätschmer, Heidelberg*	Fullerene und Fullerite – neue Formen des Kohlenstoffs
	Manfred Thumm, Karlsruhe	Gyrotrons – Moderne Quellen für Millimeterwellen höchster Leistung
426	*Hans Elsässer, Heidelberg*	Neue Wege und Ziele astronomischer Forschung
427	*Manfred T. Reetz, Mülheim an der Ruhr*	Größenselektive Synthese von Nanostrukturierten Metall-Clustern
	Heinz Mehlhorn, Düsseldorf	Parasiten: Ihre Bedeutung heute
428	*Günter Spur, Berlin*	Innovation, Arbeit und Umwelt – Leitbilder künftiger industrieller Produktion
	Rainer Jaenicke, Regensburg	Strukturbildung und Stabilität von Eiweißmolekülen
429	*Ulrich Dilthey, Aachen*	Technischer Einsatz von Personal Computern (PC) am Beispiel der Schweißtechnik
	Helmuth Steinmetz, Düsseldorf	Zerebrale Links-Rechts-Asymmetrie: Struktur, Funktion, Entstehung
	Alois Fürstner, Mülheim an der Ruhr	Metallaktivierung am Beispiel Titan: Von den morphologischen Grundlagen zu Anwendungen in der Wirkstoffsynthese
430	*Hartwig Höcker, Aachen*	Implantatwerkstoffe – Versuche zur Erzielung von Biokompatibilität
	Rolf Chini, Bochum	Die Bildung von Planeten in zirkumstellaren Scheiben

Zeitfracht Medien GmbH
Ferdinand-Jühlke-Straße 7
99095 Erfurt, Deutschland
produktsicherheit@kolibri360.de